AF358299

LA MESURE DU MÈTRE

OUVRAGES DU MÊME AUTEUR

PUBLIÉS PAR LA LIBRAIRIE HACHETTE ET Cie

LES MERVEILLES DU MONDE INVISIBLE (*Bibliothèque des merveilles*), 5ᵉ édition. 1 vol. in-16, avec 115 vignettes.   2 fr. 25

LES ÉCLAIRS ET TONNERRES (*Bibliothèque des merveilles*), 4ᵉ édition. 1 vol. in-16, avec 52 vignettes.   2 fr. 25

LE MONDE DES ATOMES (*Bibliothèque des merveilles*), ouvrage illustré de 9 gravures hors texte d'après les dessins de Camille Gilbert et de nombreuses vignettes.   2 fr. 25

LES AFFAMÉS DU POLE NORD, récit de l'expédition du major Greely d'après les journaux américains (*Bibliothèque des voyages illustrés*), ouvrage orné de 19 gravures hors texte d'après les dessins de Tofani et d'une carte.   4 fr. »

LE GLAÇON DU POLARIS, aventures du capitaine Tyson (*Bibliothèque rose*). 1 vol., avec de nombreuses gravures hors texte et une carte.   2 fr. 25

NÉRIDAH, roman scientifique orné de 40 vignettes dessinées par Sahib (*Bibliothèque rose*). 2 vol. in-16.   4 fr. 50

1ᵉʳ volume, *l'Hôtel de Regents Park.*

2ᵉ volume, *le Château de la reine Edith.*

Chacun de ces volumes formant une histoire complète peut se vendre à part.   2 fr. 25

Les drames de la science : — LA POSE DU PREMIER CABLE, histoire de l'établissement des communications électriques entre les deux continents.   1 fr. 25

AUTRES OUVRAGES DU MÊME AUTEUR :

LA CONQUÊTE DU PÔLE NORD. 1 vol. in-18 jésus, orné de 31 gravures dessinées par Ulric de Fonvielle et 3 cartes.   4 fr.

LES AVENTURES AÉRIENNES ET LES EXPÉRIENCES MÉMORABLES DES GRANDS AÉRONAUTES. 1 vol. in-18, orné de 40 figures d'après les dessins d'Ulric de Fonvielle.   4 fr. »

L'ESPION AÉRIEN, roman scientifique relatant un épisode du siège de Paris, orné de 35 vignettes.   3 fr. 50

NAVIGATION AÉRIENNE. Tableau pratique, format jésus, en noir : 2 francs ; en couleur.   2 fr. 50

Collage sur toile avec gorge et rouleaux.   7 fr. »

COULOMMIERS. — Typog. P. BRODARD et GALLOIS.

LA
MESURE DU MÈTRE

DANGERS ET AVENTURES
DES SAVANTS QUI L'ONT DÉTERMINÉE

PAR

W. DE FONVIELLE

PARIS

LIBRAIRIE HACHETTE ET Cie

79, BOULEVARD SAINT-GERMAIN, 79

1886

LA
MESURE DU MÈTRE

CHAPITRE PREMIER

Le système métrique imaginé il y a 46 siècles. — Mesuré aux sources du fleuve Jaune. — Ses rapports avec la gamme. — Son analogie avec les anciennes unités romaines, françaises et anglaises. — Notions sur les mesures chinoises.

On enseigne généralement que ce sont des savants et des philosophes français qui ont imaginé de donner aux unités usuelles de poids et mesures une base prise dans la nature, de les assujettir à la division décimale, et de les faire dépendre les unes des autres.

C'est une erreur très grave et très préjudiciable au succès de la grande entreprise de la création d'un système indestructible et commun à toute l'humanité. En effet, elle autorise la résistance des nations obstinées à défendre leurs unités démodées en leur faisant croire qu'elles accepteraient une innovation française et révolutionnaire, tandis qu'en réa-

lité elles ne feraient que se conformer à des principes dont la sagesse a été reconnue et proclamée à
une époque où leurs ancêtres comme les nôtres
vivaient à l'état sauvage dans d'immenses forêts.
L'honneur des grands hommes dont nous avons à
retracer les travaux exécutés au milieu de difficultés
inouïes et de périls sans cesse renaissants, ne sera
pas diminué parce que, au lieu d'imaginer cette
grande réforme, ils n'ont fait qu'exposer leur vie
pour la réaliser de nouveau d'une façon plus complète et par des moyens plus subtils.

Du reste, l'Angleterre et les Etats-Unis, qui résis-
tent d'une façon plus préjudiciable encore à leur
gloire qu'à leurs intérêts commerciaux ou scientifiques, deviendront peut-être plus traitables, s'ils
reconnaissent que la première tentative de l'établissement d'un système naturel de poids et mesures
réussit sans coup férir sous l'empereur Hohanti, qui
monta sur le trône de Chine l'an 2658 avant notre
ère; qu'elle fut accomplie d'une façon si parfaite,
que plus de 500 millions d'êtres humains emploient
de nos jours les unités imaginées il y a près de
46 siècles; enfin que ce système possède la plupart
des avantages que nos astronomes et nos philosophes sont parvenus à assurer à celui que l'Assemblée nationale a établi pour le commun usage de
tous les peuples de la terre, par un décret dont
aucune nation n'obtiendra désormais la révocation.

Quant à nous, nous ne croyons pas qu'il soit possible de raconter l'histoire sommaire des obstacles

dont ont dû triompher les savants qui ont eu à l'établir, sans donner une idée de celui qui a précédé d'une façon si remarquable la plus grande tentative scientifique des nations européennes, et qui nous est encore presque inconnu, quoiqu'il soit en usage chez plus de 20 millions d'êtres humains sujets de la France. Ne fallait-il pas montrer que la vaillance de nos légions républicaines nous a conduits à retrouver, dans l'Extrême Orient, des institutions analogues à celles dont leurs prédécesseurs ont eu à défendre les principes dans la plus terrible convulsion politique dont l'histoire moderne offre le souvenir, depuis les guerres de la Réforme?

Cette sorte de préface sera d'autant plus utile, nous dirons même indispensable, que nous aurons malheureusement à retracer bien des scènes de violence; nous devrons peindre les membres de la Commission du mètre en prise non seulement avec des difficultés matérielles de toute nature, mais se débattant au milieu des passions humaines les plus furibondes. Nous verrons de prétendus apôtres du progrès, faisant parade du zèle le plus bruyant pour l'humanité, afin d'interrompre les opérations de la haute géodésie d'une façon plus brutale, plus sûre et sanglante.

L'établissement du système métrique des Chinois ne donna lieu à aucune de ces luttes horribles, qui feraient douter de la puissance de la philosophie et de la souveraineté de la raison. Si nous voulions le décrire avec détails, nous n'aurions point à demander

à la muse de l'histoire de nous prêter ses plus som-
bres couleurs ; nous devrions nous adresser à Théo-
crite pour le prier de mettre à notre disposition ses
pipeaux champêtres. Il ne s'agirait point en effet
de sang innocent, rougissant les échafauds ou les
champs de bataille, mais d'eaux cristallines et de
montagnes ombreuses.

Le bambou fut la première plante qui frappa l'attention des habitants de l'Extrême Orient lorsque
les hommes eurent assez d'intelligence pour observer le monde. Ce roseau est commun dans toutes
les parties de la Chine, où il atteint parfois des proportions gigantesques. Les naturalistes de l'Empire
du Milieu en connaissent au moins soixante espèces
principales. Elles se distinguent les unes des autres
par leur diamètre, leur hauteur, l'épaisseur de la
partie ligneuse, qui constitue leur tige, le nombre
et la distance de leurs nœuds, la forme de leurs
feuilles et de leurs fleurs, enfin les dimensions et la
figure des graines qu'elles produisent.

On peut dire que le bambou est en réalité la base
de la civilisation de ce peuple singulier qui, après
nous avoir appris tant de choses, a besoin que nous
lui rendions avec usure les bienfaits que nous en
avons reçus. Il en tire une liqueur fermentescible ;
il se sert de ses graines pour se nourrir, de ses
jeunes pousses pour la pâture de ses bestiaux, de ses
tiges pour construire les habitations de ses princes
et les temples de ses dieux. Il l'emploie aussi, mais

peut-être avec trop de succès, à faire régner l'ordre dans le sein d'une société qui connaît peu de révolutions, mais où par compensation tout progrès semble avoir été rendu impossible, parce que les générations se sont résignées à n'être que dociles copistes de celles qui les ont précédées. Grâce au bambou, les magistrats sont parvenus à corriger les criminels, les pères de famille à diriger l'éducation de leurs enfants. C'est avec ce roseau qu'ils ont inculqué le respect filial, si intense dans toute l'étendue de l'Empire Chinois.

Il n'est donc pas surprenant que ce soit au bambou que les philosophes de l'antiquité chinoise se soient adressés pour établir le système d'unités naturelles que les Occidentaux auraient peut-être adoptées, s'ils en avaient suffisamment connu l'existence et compris toute la philosophie.

On ignore l'époque à laquelle un homme de génie a découvert que, pour produire un son, il faut imiter la nature qui lance son vent sur des parties anguleuses et précipiter son souffle sur un morceau de bois taillé en biseau. On ne sait pas non plus quel fut l'inventeur qui imagina de placer ce sifflet au bout d'un roseau, et qui s'aperçut que la hauteur du son émis change lorsque l'on fait varier la longueur de ce tube additionnel.

En combinant ainsi plusieurs tuyaux, on arriva à reconnaître que l'on produisait des accords, et l'on parvint de la sorte à exécuter des airs simples.

Pendant bien des siècles, cet instrument agreste,

associé à une sorte de lyre dont l'invention est réellement très ancienne, constitua toute l'orchestration nationale.

A mesure que la musique se développait, les virtuoses étaient de plus en plus embarrassés pour la construction de leurs flûtes naïves. Chaque artiste se trouvait abandonné à son inspiration individuelle, parce qu'on n'avait pas découvert de règles pour fixer la longueur des tuyaux.

Lyng-Lun, chargé de mettre un terme à ce désordre, résolut d'exécuter son travail aux sources du Fleuve Jaune, qui est la rivière sacrée des Chinois, et où, dans ces temps reculés, l'on allait chercher les roseaux destinés à la fabrication des flûtes les plus estimées.

Malgré les difficultés inouïes d'un voyage qui serait très pénible à exécuter de nos jours, Lyng-Lun parvint seul dans ce lieu, qui est resté le théâtre de sacrifices étranges.

Les Mongols des tribus voisines y vont tous les ans au mois d'août pour offrir au génie du fleuve sept animaux blancs. Ils amènent un cheval, un yak, et cinq moutons, décorés de rubans rouges, qu'ils chassent dans les montagnes habitées par des loups et quelques sauvages musulmans, comptant que les barbares ou les fauves ne tarderont pas à s'emparer des offrandes destinées à désarmer la colère des dieux.

L'empereur Kanghi ayant eu, à la fin du **XVIIᵉ** siècle, l'intention de visiter ces sources, fut obligé de rebrousser chemin après avoir suivi pendant longtemps les innombrables détours que fait le fleuve en dehors de la grande muraille dans la région qui sépare la Mongolie du nord-ouest du Thibet. L'abbé Huc, qui passa dans le voisinage, ne se préoccupa pas d'en faire l'exploration et se borna à décrire les idoles hideuses des Nomades, qui accomplissent encore aujourd'hui ces cérémonies bizarres. Le colonel russe Prejvalsky demanda à ses guides de l'y conduire, mais ceux-ci prétendirent qu'ils avaient oublié le chemin, et refusèrent d'introduire un profane dans le lieu divin où le fleuve sacré prend mystérieusement naissance.

Il paraît, d'après le récit merveilleux fait à l'empereur Kanghi par un de ses compagnons, que les cascades tombent d'une roche ayant cent pieds chinois d'élévation, et qui est complètement isolée dans une vaste plaine où croissent des bambous appartenant à une sorte de sorgho rouge, remarquable tant par la régularité de sa tige que par celle de ses graines.

Après avoir examiné cette nature singulière, bien faite pour impressionner, Lyng-Lun se mit à accomplir son programme et à tailler ses flûtes de roseau.

Jusqu'ici le récit des historiens chinois n'offre rien d'invraisemblable, mais leur crédulité est si grande, qu'ils ne négligent jamais de mêler à leurs récits les plus authentiques des circonstances fabuleuses qui feraient douter de leur véracité.

A peine Lyng-Lun avait-il réussi à trouver la longueur de la flûte donnant l'*ut de poitrine* du fleuve divin, qu'un gracieux habitant des airs vint se percher sur un des roseaux voisins.

Cet oiseau n'était autre que le Fung-Hiang ou Phénix chinois, qui faisait entendre un doux chant d'amour dans lequel revenait une note principale un peu plus aiguë que le son produit éternellement par le murmure des eaux.

A peine avait-il fini son hymne, que sa femelle vint se placer sur un roseau voisin et lança à son tour dans les airs un gracieux gazouillement.

Quand celle-ci eut cessé de chanter, l'amoureux Phénix se mit à provoquer de nouveau sa compagne, et les deux époux ailés continuèrent pendant longtemps leur merveilleuse lutte musicale.

Le sage ministre écoutait avec ravissement ces sons mélodieux qui se gravaient avec d'autant plus de facilité dans sa mémoire que chacun de ces chants lui révélait une étape nouvelle dans la création de la gamme; en effet, les sons devenaient de plus en plus aigus à mesure que l'amour s'emparait de l'âme des deux célestes virtuoses.

Lorsque les deux époux se furent ainsi répondu six fois, ils reprirent leur vol et disparurent ensemble dans l'azur infini du firmament.

Lyng-Lun résolut donc de reproduire avec douze roseaux de longueur convenable les douze sons qu'il venait d'entendre, et il réussit d'une façon merveilleuse, car le dernier de tous était précisément l'octave aiguë de la note que donnaient imperturbablement les cascades du fleuve sacré.

La gamme chinoise était donc constituée avec ses douze sons fondamentaux.

Mais une fois ce grand succès musical obtenu, Lyng-Lun se trouva dans un immense embarras. En effet, il ne suffisait pas d'avoir à sa disposition l'exemplaire unique d'un instrument pouvant donner toutes les nuances de son échelle tonique. Il fallait encore indiquer avec soin les longueurs permettant de reproduire exactement les divers tubes de cette flûte merveilleuse dont le ciel lui avait révélé les éléments nécessaires.

La plus petite erreur commise sur la longueur du bambou ne pouvait être corrigée par aucune espèce d'artifice. Car à cette époque naïve on n'avait pas encore imaginé l'art de modifier les sons émis par le tuyau associé à l'anche en perçant des trous dans la paroi latérale. La flûte n'était encore que celle que le dieu Pan a mise dans les doigts de Tityre.

Ce fut la nature qui fournit encore à Lyng-Lun le moyen de résoudre cet important problème.

Voyant l'excessive régularité des graines produites par les roseaux qu'il taillait, il eut l'idée de compter le nombre qu'il fallait placer les unes à côté des autres en ligne droite pour obtenir la longueur des différentes flûtes qu'il avait taillées.

Une idée analogue paraît s'être présentée au créateur du pied romain, qui a, dit-on, été formé par la juxtaposition de 64 grains de blé, et à l'auteur du pied anglais, puisqu'on prétend que sa longueur est de trente-six grains d'orge ou trois par pouce.

Les graines employées à l'époque moderne pour vérifier ces traditions, ayant été prises parmi des céréales déformées par la culture, ne se prêtaient pas évidemment à une évaluation bien exacte.

M. de Morgan, célèbre mathématicien anglais du commencement du siècle, qui a voulu recommencer l'expérience, a reconnu que les erreurs pouvaient aller jusqu'à la dixième partie de la quantité principale à déterminer. Que serait-ce si l'on voulait s'adresser aux graines usuelles pour déterminer les poids, comme nous verrons bientôt que Lyng-Lun le fit sans difficulté avec du millet cueilli dans un pays où jamais laboureur n'a pénétré?

Le grand *Dictionnaire d'histoire naturelle* de d'Orbigny nous apprend qu'un tas de 100 grains de blé qui avaient poussé dans le Midi pesait 2 grammes. On sema plusieurs de ces grains à Paris ; on récolta ceux qui en provenaient, on en pesa 100 pris au hasard : on trouva 3 gr. 1/2. On fit une autre épreuve non moins concluante. 100 grains de Richelle blanche, qui pesaient 4 gr. 72 dans le Midi, furent semés à Paris; 100 grains de la récolte donnaient 5 gr. 19. Ces grains furent rapportés dans le Midi, soumis à la culture, et on en étudia de nouveau une centaine. Elle pesait, lorsqu'on la mit en terre, 5 gr. 512, et la centaine de grains produits eut encore un poids moindre; le retour dans le Midi l'avait ramené à celui de 4 gr. 80.

Les mesures champêtres de Lyng-Lun, malgré les qualités merveilleuses des sorghos des sources du Fleuve Jaune, ne pourraient soutenir en aucune façon la comparaison avec celles des astronomes français, mais elles doivent être infiniment plus exactes que les précédentes. Nous pensons que ce sage n'a pas commis d'erreur sensible lorsqu'il a trouvé qu'il fallait mettre côte à côte sur le petit diamètre 100 graines de sorgho pour obtenir une longueur de 315 millimètres, qui est celle du pied chinois.

Mais ce qui fait que le nom de Lyng-Lun est digne d'être mis à côté des plus profonds génies qui ont paru sur la terre, et ce qui ne nous a pas permis d'omettre le récit de ses aventures dans un livre consacré à la gloire des créateurs du mètre, c'est qu'il comprit admirablement la nécessité d'adopter des divisions et des subdivisions en rapport avec le mode de composition et de décomposition des nombres qui nous a été indiqué par la nature le jour où elle nous a donné nos dix doigts.

La toise chinoise, qui se forme de dix pieds chinois, eut une longueur de 3 m. 15. La lieue chinoise fut formée de 100 toises, équivalentes à 315 de nos mètres, et sa longueur fut, par conséquent, égale à celle de 100 000 grains de millet juxtaposés par leur petit diamètre.

La dixième partie du pied fut le pouce, et la dixième partie du pouce fut la ligne ou le grain de millet.

Lyng-Lun a également assujetti la ligne chinoise à la division décimale, qu'il a poussée, pour employer

les notations en usage, jusqu'à la 17ᵉ subdivision.
Mais, à partir de l'unité que nous désignerions nous
autres sous le nombre 0,000 000 000 000 000 1, les
Chinois admettent hardiment qu'on arrive au vide et
que la divisibilité de l'espace s'arrête brusquement.

C'est une manière originale et peu connue de
résoudre les questions que nous avons examinées
dans notre volume de la Bibliothèque des Merveilles,
intitulé *le Monde des Atomes*.

Non seulement Lyng-Lun a introduit la numéra-
tion décimale dans les mesures de longueur, mais
il s'est préoccupé de la manière de rattacher les
autres unités usuelles à son pied, et par conséquent
au ton fondamental de la musique chinoise; c'est
un problème auquel nous ne pouvons avoir songé,
puisque nous avons pris comme point de départ
les dimensions de notre globe.

Lyng-Lun n'avait pas tardé à reconnaître que la
longueur du tuyau n'était pas le seul élément dont
il devait tenir compte pour que le son émis par la
flûte eût toute la pureté désirable. Il fallait encore
que son diamètre fût la dixième partie de sa longueur, c'est-à-dire qu'elle fût d'un pouce.

L'espace occupé par le tuyau qui donne l'ut primitif fut donc complètement défini, et devint l'unité
de volume. Dix de ces unités formèrent la pinte chinoise, à laquelle on donna des multiples décimaux.

Pour la subdivision de cette quantité fondamentale, le sage ministre perdit un peu de vue le plan
primitif.

Comme la gamme chinoise se trouvait subdivisée en douze sons, il se crut obligé de partager son unité de volume en douze parties égales, et il assujettit ces parties à la division décimale, de manière à retomber sur le grain qui était son point de départ.

Mais il eut le grand mérite de faire la remarque que l'on doit réserver la faculté de passer par un calcul simple des unités de poids aux unités de volume et *vice versa*, puisque le commerce emploie tantôt des cubages et tantôt des pesages pour les principales denrées. Il prit donc comme une unité de poids celle de 1200 grains de mil, qui pèsent 38 grammes environ. Cette quantité fut l'once chinoise qui sert à peser les pièces d'argent. En effet, le fameux tael n'est qu'un lingot d'argent fin de ce poids.

En Chine, les métaux précieux sont une marchandise comme les autres, et la monnaie de cuivre, ou sapèque, est la seule qui serve de point de départ à tout le système financier. Beaucoup de gens se demandent en ce moment si, sur ce point essentiel, les habitudes chinoises ne doivent pas être imitées.

Nous ne tenterons point de résoudre un semblable problème, qui est du domaine de l'économie politique, mais nous nous efforcerons de dépeindre les épreuves auxquelles les ignorants ont soumis les émules de Lyng-Lun dans notre Occident si orgueilleux de sa science, et les persécutions que les missionnaires de notre astronomie ont subies de la part des barbares de la civilisation.

CHAPITRE II

Le système de Buffon adopté par la grande Constituante. — Invitation à la Société royale de Londres. — Changements introduits par l'Académie des sciences. — Anciennes mesures de la méridienne exécutées par la compagnie.

Nous n'essayerons point de donner une idée du désordre qui régnait dans les unités de poids et mesures lors de la convocation des États généraux. La réforme d'un régime grossier, stupide, intolérable était indiquée dans un grand nombre de cahiers. Cependant, c'est seulement le 10 mai 1790 que l'Assemblée nationale entendit parler pour la première fois d'un système dont Buffon avait parlé avec son éloquence habituelle, et qui consistait à prendre pour unité de longueur celle du pendule battant la seconde au niveau de la mer par la latitude de 45°.

C'était faire dépendre les mesures usuelles de la force attractive de la terre, c'est-à-dire d'une puissance dont nous sentons à chaque instant les effets et contre laquelle, avant l'invention merveilleuse des Montgolfier, l'homme n'avait trouvé qu'en rêve le pouvoir de se mesurer. N'était-il pas logique de prendre comme base fondamentale d'un système commun à tous les hommes un effet naturel qui exerce une influence prépondérante dans une multitude de phénomènes généraux, et de qui l'on peut dire sans exagération qu'il est le régulateur suprême de la vie?

Le prince de Talleyrand, qui venait d'être appelé à plusieurs reprises à l'honneur de présider l'Assemblée constituante, et qui était un des principaux personnages attirant l'attention publique, par son zèle pour le développement des institutions nouvelles, prit l'initiative d'une proposition aussi sage. Le décret fut rédigé de manière à donner satisfaction à toutes les susceptibilités légitimes de la nation britannique, dont on considérait alors le concours comme indispensable.

En effet, l'Assemblée n'acceptait cette proposition qu'à condition que l'on engageât le Parlement britannique à concourir à la fabrication des poids et mesures destinés à un usage universel. Elle proposait que des commissaires des deux nations, nommés en nombre égal par l'Académie des sciences et la Société royale de Londres, se réunissent dans le lieu qui serait jugé le plus convenable pour une grande opération à laquelle les représentants de tous les peuples civilisés devaient être invités.

Le moment paraissait heureusement choisi pour arriver à une entente. En effet, la Chambre des Communes venait d'adopter une proposition relative à la revision des étalons des poids et mesures nationales.

L'Académie des sciences s'empressa d'accepter. Elle envoya à la barre de l'Assemblée une députation ayant à sa tête le marquis de Condorcet, son secrétaire perpétuel, et composée de ses membres les plus célèbres.

Au nom de la compagnie dont il était l'orateur, Condorcet remerciait l'Assemblée nationale de l'avoir associée à ses grands desseins; il déclara que l'Académie voulait se rendre digne de cet honneur, non seulement en travaillant avec activité à l'accomplissement de son magnifique mandat, mais encore en pratiquant l'égalité dans son sein, car elle abolissait la distinction qui existait encore entre ses honoraires, ses pensionnaires et ses associés. Enfin, l'illustre orateur terminait en remerciant le sénat auguste devant lequel il prenait la parole de tout ce qu'il avait déjà fait pour la gloire de la patrie et le bien de l'humanité.

Ces paroles furent accueillies par les applaudissements des représentants et des tribunes, qui n'étaient pas encore réduites à l'état de mutisme et qui, en attendant le jour où elles devaient dominer les délibérations des représentants de la nation, jouaient dans ces grandes scènes le rôle du chœur de la comédie antique.

Le président Thouret répondit sur le même ton, mais en associant soigneusement la Société royale de Londres aux éloges qu'il donnait à l'Académie des sciences de Paris, et, après avoir exprimé le regret qu'un homme comme Condorcet ne figurât pas dans les rangs de l'Assemblée nationale, il admit la députation aux honneurs de la séance.

On sait que c'est sous l'influence d'une admiration sincère pour les institutions représentatives qui avaient donné tant de jours de gloire à l'Angleterre, que la Révolution française fut inaugurée. Mais on n'a pas oublié que la Grande-Bretagne ne se montra jamais très empressée de faciliter les efforts des hommes d'État s'efforçant d'inoculer à une vieille monarchie despotique les principes libéraux qui depuis Jean sans Terre étaient pratiqués en Angleterre. On eût dit que la Grande-Bretagne était jalouse et inquiète de voir que la France cherchait à pénétrer le secret des traditions parlementaires auxquelles elle avait dû la majeure partie de ses succès sur terre et sur mer, pendant les plus fructueuses et les plus utiles de toutes ses guerres.

En conséquence, la Société royale de Londres ne répondit pas favorablement aux ouvertures qui lui furent faites. Les États-Unis eux-mêmes commencèrent à montrer un incroyable attachement pour le système anglais. Malgré son influence, Jefferson ne fut pas suivi, lorsqu'il donna à ses concitoyens le conseil de s'unir à la France, qui venait de les affranchir pour éclairer le genre humain.

On ne vit arriver à Paris ni délégué anglais, ni délégué américain. A peine si ces deux grandes nations commerçantes daignèrent répondre à des propositions dont elles devaient être les premières à bénéficier.

Les.Anglais n'en furent que plus résolus à définir rigoureusement leurs vieilles mesures et à consolider leur système vermoulu. Le seul changement que se permît le gouvernement des États-Unis fut de remplacer la livre sterling par le dollar, modification qui n'aurait été qu'une absurdité de plus si le dollar n'avait été divisé en fractions décimales.

Anglais et Américains étaient si ridiculement attachés à leurs unités traditionnelles, qu'ils y tiennent encore aujourd'hui, malgré les efforts faits pendant un siècle par un grand nombre d'hommes d'État, de publicistes et de philosophes pour les entraîner. Comme ce sont les deux nations qui font encore aujourd'hui le commerce le plus étendu avec la Chine, et qui, jusqu'à ces dernières années, pouvaient légitimement passer aux yeux des habitants du Céleste Empire pour représenter notre civilisation, on peut dire qu'au point de vue important des poids et mesures les mandarins avaient parfaitement le droit de mépriser les Occidentaux et de les appeler barbares. Heureusement notre système métrique, avec lequel les derniers événements les ont familiarisés, vient relever aux yeux des penseurs de l'Extrême Orient la civilisation réellement compromise par de sottes répugnances, unies à un orgueil insensé.

Les *impatients* qui s'étonnent de la lenteur avec laquelle on introduit, dans le gouvernement des nations et dans les relations sociales, les progrès dont la raison a reconnu la légitimité, trouveront dans ces retards une occasion pour méditer sur les obstacles que rencontrent une multitude d'innovations fort logiques, mais ayant l'inconvénient de léser des intérêts acquis. Leur indignation cessera peut-être en voyant tant de délais mis à l'accomplissement d'une réforme qui semblait n'avoir contre elle que les escrocs et les voleurs.

Il est bon de remarquer encore que si le système fut compromis et si le mètre même parut pendant quelques instants emporté dans la tourmente révolutionnaire, c'est parce que, animés des meilleures intentions du monde, les commissaires voulurent adopter un procédé plus compliqué que celui qui avait été primitivement proposé, et qu'ils remplacèrent la recherche de la longueur du pendule qui bat le seconde par la mesure d'un méridien terrestre. Mais, en agissant avec cette suprème imprudence, leur génie agrandit les horizons scientifiques et donna un prodigieux développement à la géographie.

C'est à la suite des travaux de la Commission du mètre que la géodésie prit les immenses développements qu'elle possède de nos jours, et dont les plus importants sont dus à des savants et à des officiers français. On peut dire que les mesures des arcs de parallèles et de méridiens, qui se sont multipliées sous toutes les latitudes, sont une suite de cette grande initiative révolutionnaire, et que les principes de cette application sublime de la géométrie ont été développés en même temps que ceux de

1789, dont nous allons bientôt célébrer le centenaire.

On ne saurait nier que les anciens peuples civilisés, comme les Égyptiens, les Grecs et les Arabes, ont eu la curiosité de connaître les dimensions de la sphère à la surface de laquelle une cause mystérieuse nous a placés, en vertu d'un décret incompréhensible de son omnipotence.

On sait également que ce problème fut un de ceux qui passionnèrent les membres de l'Académie des sciences lors de sa fondation par Colbert. Le rayon étant déterminé avec une certaine approximation par les astronomes des Pharaons, n'était-il pas digne de l'être une seconde fois par ceux d'un grand Roi qui voulait renouveler en France les merveilles des monarchies antiques, et se comparait lui-même au soleil que leurs peuples adoraient?

Trois ans après la constitution officielle de l'illustre compagnie, Picard commençait à mesurer un arc de méridien. A cette époque, on croyait naïvement la terre sphérique. On supposait que lorsqu'on aurait mesuré un degré, il suffirait de le muliplier par 360 pour faire le tour du monde. C'est afin de diminuer l'erreur provenant de la multiplication par un tel nombre qu'on entreprit de chercher la longueur de la méridienne qui traverse la France. Ce grand travail dura plus d'un demi-siècle.

Dans l'intervalle, un Anglais, nommé Newton, était arrivé à déclarer, en se basant sur des considérations théoriques, qu'au lieu d'être sphérique la terre avait été aplatie vers les pôles.

Les astronomes du roi de France tiraient de leurs mesures une conclusion contraire, et Cassini déclarait, ses chiffres à la main, qu'elle avait au contraire été allongée. Des mesures prises dans une région lointaine par un astronome français avec un pendule semblaient donner raison au champion de la science britannique. Mais l'astronomie française ne pouvait se rendre sans combat.

Il fallait à tout prix sortir de cette incertitude. Le gouvernement de Louis XV, avec une générosité qui lui fait honneur, donna les fonds pour qu'on vérifiât les mesures prises en France et qu'on envoyât une brigade d'académiciens mesurer directement un degré au Pérou et un degré dans la Laponie. Ces immenses travaux, ces pénibles voyages furent terminés seulement en 1740 et résolurent la question en faveur de Newton.

Les savants français avaient eu l'orgueil de faire passer le culte de la vérité avant l'amour-propre national, et de donner un exemple mémorable de leur impartialité, en même temps que de leur habileté et de leur courage.

Ces glorieux précédents agirent sur l'esprit des académiciens de 1790, qui comprenaient bien en outre qu'une semblable opération accomplie avec des moyens perfectionnés rattacherait la mesure du mètre à un des grands problèmes dont la solution exacte a toujours passionné les savants, et qui est en effet digne de préoccuper les chercheurs. Malgré les travaux innombrables dont elle a été l'objet depuis la grande époque que nous décrivons, elle est encore à l'ordre du jour. Elle y sera longtemps encore. Elle ne pourra être résolue que lorsque les géomètres auront pu multiplier les mesures en Chine et dans l'intérieur de l'Afrique, comme ils l'ont fait déjà en Europe, en Amérique et dans l'Inde. Leur ouvrir des régions que des peuples barbares et cruels occupent encore suffirait pour légitimer l'or et le sang que nous coûtent les expéditions lointaines; car, en s'imposant d'aussi nobles sacrifices, la France consacre ses enfants et ses ressources à accomplir des croisades scientifiques et civilisatrices, dont l'exemple a été donné par ses rois et dont l'héritage a été accepté avec enthousiasme par sa révolution.

C'est en continuant cette noble tâche et non en faisant dans des assemblées tumultueuses l'apologie des excès qui ont failli déshonorer une si grande époque, que des Français doivent rappeler au monde l'anniversaire de leur affranchissement.

CHAPITRE III

Cette modification mémorable, qui agrandissait prodigieusement le programme primitif, fut adoptée sans réclamation dans la séance du 20 mars 1791, après un rapport du prince Talleyrand-Périgord, se convertissant à la mesure de la méridienne avec un enthousiasme de bon goût. Condorcet, qui avait rédigé la proposition académique, fut encore l'orateur chargé de paraître à la barre de l'Assemblée nationale. On le remercia vivement du zèle que la compagnie avait montré pour l'exécution d'un projet auquel tous les amis du progrès attachaient une immense importance. En effet, c'était en quelque sorte le symbole de la transformation pacifique que l'on voulait faire subir à la France, sans d'autre secours que celui de la raison et de la philosophie.

A mesure que la Révolution suivait son cours,

l'Angleterre s'éloignait de plus en plus de nous. Burke fulminait ses prédictions apocalyptiques, Pitt se rappelait les haines vigoureuses de lord Chatam. Bientôt le prince de Talleyrand allait passer à Londres, mais ce n'était plus pour demander le concours de l'Angleterre à la création du mètre; c'était pour retarder l'explosion d'une nouvelle guerre, pour éviter une des plus grandes calamités qui aient jamais été déchaînées sur l'espèce humaine.

L'Espagne, après quelques moments d'hésitation, avait repris les traditions du pacte de famille et semblait disposée à se laisser entraîner dans notre orbite. C'était une circonstance dont il était sage de profiter. Il fut décidé que l'arc de méridien serait mesuré depuis Dunkerque jusqu'à Barcelone, ce qui lui donnait une longueur de 10°. Le roi fut prié de s'entendre à cet effet avec Sa Majesté Catholique, et il réussit mieux, hâtons-nous de le dire, qu'avec Sa Majesté Britannique.

Ces arrangements, auxquels on ne pouvait reprocher que de demander trop de temps et d'être trop parfaits, furent vivement attaqués par les ennemis du régime nouveau. Ils furent déchirés avec audace par la secte terroriste, composée d'hommes grossiers, sanguinaires et violents, qui auraient déshonoré la Révolution par leurs excès, si une réforme entreprise pour faire régner la justice dans les relations sociales était susceptible de l'être, par les énergumènes invoquant son nom sans aucune espèce de droit.

Cherchant à déterminer dans le n⁰ 671 de *l'Ami du peuple* les causes qui s'opposent à l'affranchissement du peuple français, qu'il trouve trop lâche pour être libre, le pamphlétaire Marat déclare que « nous sommes destinés à rester toujours esclaves, parce que nous avons la sottise d'ouvrir l'oreille aux faux sages, aux endormeurs, aux fripons de toute espèce, qui prétendent que la Révolution française est l'ouvrage de la philosophie, qu'elle doit se faire et se consolider par la raison », en un mot parce qu'il y a des misérables qui croient que la terreur n'est pas la préface indispensable de toute transformation sociale.

Un tel « ami du peuple » ne pouvait voir qu'avec colère et mépris une grande entreprise dont le but était d'appliquer la science et la philosophie au choix des unités destinées à faciliter les relations pacifiques des hommes entre eux ; on devait le voir déchaîné contre une noble entreprise dont le succès devait donner à la nation française une gloire qu'on ne cueillerait ni dans les clubs effervescents, ni surtout en pourvoyant les échafauds.

Il devait être d'autant plus acharné dans ses attaques envenimées que les savants qui composaient la Commission du mètre avaient commis la faute de méconnaître son rare génie, et de le convaincre d'imposture dans les expériences fallacieuses à l'aide desquelles il avait essayé de conquérir la réputation scientifique dont il était seul, malheureusement pour lui, à se croire digne.

La Commission du mètre était à peine en fonction que ce violent écrivain écrivait un pamphlet intitulé *les Charlatans académiques*, dans lequel il préludait à ses véhémentes dénonciations contre les aristocrates de naissance, en ameutant les fureurs populaires contre les princes du génie.

La création de la Commission du mètre lui imposait les réflexions suivantes, qu'il n'est pas superflu de mettre sous les yeux de nos lecteurs :

« Il y a quelques mois qu'un député à l'Assemblée nationale, soufflé par un auteur, proposa de décréter l'égalité des poids et mesures pour tout le royaume. La proposition fut accueillie et renvoyée à l'Académie des sciences, pour déterminer les moyens d'exécution.

« Aussitôt MM. les Scientifiques de se rengorger, pour remettre leurs scribes à l'œuvre, et d'accourir au sénat pour annoncer que l'Académie avait trouvé que la meilleure méthode de remplir les vues de l'Assemblée était de déduire toutes les mesures de la circonférence du globe terrestre ; méthode que des plumes vénales ont aussitôt annoncée comme une superbe découverte de nos docteurs. Mais d'où croyez-vous que nous vienne cette méthode sublime? Des Égyptiens! C'était pour la transmettre aux siècles futurs que furent élevées ces fameuses pyramides que tant d'ignares voyageurs ont prises pour des monuments éternels de la grossièreté de ces peuples. Eh! d'où croyez-vous que nos académiciens ont tiré ce magnifique système? Ils l'ont

pris mot à mot de Romé de l'Isle, dont ils ont eu
soin de taire le nom depuis sa mort, après l'avoir
persécuté de son vivant. Mais le beau du jeu, c'est
que, sous prétexte de mesurer un degré de méridien
si bien déterminé par les anciens, ils se sont fait
accorder par le ministre 100 000 écus pour les frais
de l'opération ; petit gâteau qu'ils se partageront
en frères. »

Nous ne citerons pas le reste du passage, qui est
rédigé en termes que l'école naturaliste doit seule
avoir le privilège d'employer. En effet, Marat finit
par expliquer que c'est dans des parties fines, à
Bercy, alors un lieu de rendez-vous galants, que
tout cet argent sera gaspillé.

Ce sont ces divagateurs criminels qui déchaî-
nèrent contre les membres de la Commission du
mètre des meutes altérées de sang, réclamant leur
tête, l'obtenant quelquefois et leur donnant trop
souvent l'occasion de faire preuve d'un courage
comparable à celui de soldats sur un champ de
bataille, peut-être même plus admirable parce qu'il
est développé d'une façon plus continue.

Une fois mise en possession du décret qui autorisait à déterminer les poids et mesures d'après le
plan qu'elle avait adopté, sur le rapport de Condorcet, et pourvue des fonds nécessaires à l'exécution de ses expériences, l'Académie déploya la
plus grande activité pour répartir le travail entre
ses divers membres.

Il semblait que la compagnie eût à cœur de ne

pas perdre un seul jour, pour venir à bout des recherches compliquées qu'elle avait ordonnées, et de répondre à la légitime impatience des représentants de la nation, qui avaient déclaré non seulement la nécessité de la réforme, mais qui n'avaient rien négligé pour en activer l'exécution. En effet, malgré la pénurie du trésor public, ils avaient décidé qu'on renverserait en faveur de la Commission du mètre les règles financières nouvelles, et qu'on mettrait à sa disposition les fonds votés pour elle avant que les dépenses fussent ordonnancées.

Cassini, Méchain et Legendre furent chargés de trouver dans les astres la manière dont la méridienne traversait le royaume; Meusnier et Monge, de déterminer avec une minutieuse précision la longueur des bases mesurées à la surface de la terre; Borda et Coulomb, de faire connaître la longueur précise du pendule qui bat la seconde; Lavoisier et Haüy, d'étudier le poids de l'eau distillée destinée à ramener l'unité de poids à l'unité de volume; enfin Tillet, Brisson et Vandermond, de dresser un tableau complet des mesures anciennes, que les nouvelles devaient remplacer.

Mais, comme il arrive trop souvent dans les corporations scientifiques, cette grande activité se ralentit beaucoup dès qu'il fallut mettre la main à l'ouvrage.

Carnot, qui n'était pas encore membre de la savante compagnie, ne pouvait y organiser la victoire. Les opérations de la Commission du mètre s'effectuaient avec une lenteur bien peu en harmonie avec les habitudes d'une époque dévorante et, il faut bien le dire, les nécessités gouvernementales du temps.

Depuis la nomination des délégués chargés de procéder à la mesure de la méridienne, quinze longs mois s'étaient écoulés ; cependant aucun d'eux n'avait encore quitté Paris. La détermination essentielle se trouvait en retard sur les travaux accessoires, qui étaient superflus, du moment que leur base n'était pas même ébauchée. Les adversaires de l'Académie attribuaient ces lenteurs à un défaut de civisme et au mauvais vouloir de ceux de ses membres que les innovations politiques et sociales blessaient.

Ces pertes de temps tenaient principalement à ce que l'on avait voulu employer des instruments perfectionnés d'astronomie et de géodésie, afin d'obtenir dans les mesures une précision supérieure à celle des déterminations antérieures. Les astronomes et les physiciens s'étaient beaucoup plus préoccupés des moyens de déterminer la hauteur des astres, et d'évaluer les angles avec une précision irréprochable, que de donner satisfaction à l'opinion publique. C'était sous une autre forme l'histoire d'Archimède au siège de Syracuse qui recommençait.

Dans le cours de l'année 1787, l'Académie des sciences de Paris avait relié la méridienne de Greenwich et celle de Paris à l'aide d'une triangulation exécutée avec un grand cercle répétiteur fabriqué par un artiste nommé Lenoir. C'était également de ses ateliers qu'étaient sortis les instruments de Lapérouse et de Bougainville. Depuis lors, l'Académie ne jurait plus que par cet opticien. Il semblait qu'il n'y eût à Paris aucun autre capable de construire des instruments dignes de servir à la mesure du mètre. C'est à lui que toutes les commissions de l'Académie s'étaient adressées. C'était lui qui devait fournir tous les thermomètres, tous les cercles divisés, toutes les règles, toutes les vis, toutes les lunettes. Pendant que la France usait la Constitution que tant d'hommes de génie avaient mise au monde au prix de tant d'efforts, cet homme indispensable n'était point parvenu à construire les cercles dont les commissaires avaient besoin.

La Commission reçut ses réflecteurs à une époque où leur usage offrait des dangers dont le pacifique Lenoir ne se doutait pas lorsqu'il les faisait limer avec tant de conscience. Partout on ne voyait qu'espions de Pitt et Cobourg, et que des complots avec la cour. Les plus petits villages étaient terrorisés par des chefs de clubs qui s'arrogeaient le droit de régenter les autorités légitimes. Les maires tremblaient pour leur tête, et ne pouvaient par conséquent prêter qu'un bien faible concours aux savants menacés par l'ignorance avec laquelle ils se trouvaient journellement en contact.

On a mille fois raconté l'incident du ballon de Gonesse reçu à coups de fusil par les habitants du village où il était tombé. Mais il ne faut pas croire que l'aérostat lancé par la main de Charles eût été mieux accueilli s'il fût tombé en tout autre endroit des environs de Paris. Les lumières, qui sont encore le privilège d'une portion de la population, malgré les efforts faits depuis un siècle, étaient bien moins répandues à cette époque qu'elles ne l'étaient lors de la guerre franco-allemande. Qui ne se rappelle cependant les agitations auxquelles donnait lieu le moindre incident, avant l'investissement de Paris? Quel Parisien peut avoir oublié les scènes déplorables produites par l'apparition de quelques chandelles aux fenêtres d'une maison habitée, ou par des paroles dont le sens n'était pas compris? Ces terreurs folles étaient à l'état chronique, à une époque où des bandes de massacreurs parcouraient librement les campagnes.

A la suite de ces délais déplorables, qu'une sage division du travail aurait pu éviter, les délégués de l'Académie des sciences allaient avoir à exécuter des opérations extraordinairement suspectes, au milieu de masses populaires sachant à peine lire, apprenant à épeler dans *le Père Duchêne* ou *l'Ami du peuple*, et s'enivrant du détestable poison que distillaient les artisans de calomnies et les courtiers de guillotine, dont le nom restera toujours tristement célèbre dans les annales des folies humaines.

La Commission du mètre décida que les opérations géodésiques seraient exécutées sur le terrain par deux de ses membres, les citoyens Méchain et Delambre, et elle demanda au gouvernement une pièce les mettant sous sa protection et leur donnant le droit de requérir l'assistance des autorités.

Malgré le désordre qui régna dans l'administration à la suite de l'envahissement des Tuileries par la foule dans la journée du 20 juin 1792, la réponse ne se fit pas attendre.

Le 24 juin, on remit à l'Académie une proclamation royale ordonnant de prêter tout concours aux commissaires chargés d'une opération au succès de laquelle la gloire même de la nation se trouvait intéressée.

Le 25, Méchain se mettait en marche dès le matin, emportant avec lui les miroirs paraboliques nécessaires à l'établissement de ses signaux nocturnes et deux cercles répétiteurs.

Il ne laissait à Delambre qu'un seul cercle; le flegmatique Lenoir, véritable type des constructeurs méthodiques, n'avait point encore lâché son quatrième. Mais Delambre impatienté résolut de ne pas attendre que cet opticien modèle eût donné son dernier coup de lime, et il employa le retard forcé à visiter les lieux voisins de Paris qui devaient être choisis comme sommets de ses triangles.

Malgré le profond sentiment d'égalité qui régnait à cette période, les deux chefs de mission ne s'étaient point partagé le méridien en deux parties de même longueur. Delambre avait accepté la mission de vérifier les 400 000 toises qui séparent Rodez de Dunkerque, tandis que Méchain n'avais pris que les 350 000 que l'on compte de Rodez à Barcelone.

En 1740, on avait mesuré une base à Rodez, mais d'une façon si malheureuse, que l'on avait eu beaucoup de peine à reconnaître des erreurs commises dans cette localité, où la gloire de l'astronomie française avait failli naufrager. En effet, c'était à la suite de cette fausse évaluation que Cassini avait déclaré la terre allongée.

Ce n'était donc pas pour recommencer ces tentatives néfastes, propres à compromettre le résultat des travaux des géomètres, que l'on avait choisi cette ville pour souder les opérations des deux brigades, mais afin d'équilibrer le mieux possible la difficulté des deux tâches.

Dans leur inexpérience des passions humaines et de l'état politique du pays où ils allaient opérer, ces habiles astronomes s'étaient imaginé que la partie espagnole, que Méchain avait réclamée et qui était complètement neuve, serait beaucoup plus difficile que la septentrionale, réservée à Delambre. Comme celle-ci avait été déjà mesurée à deux reprises, ils s'imaginaient qu'il ne s'agirait que d'une vérification sommaire, promptement exécutée.

Tous deux étaient pleins d'ardeur, également pénétrés de la haute importance de l'entreprise à laquelle ils allaient se consacrer, et parfaitement disposés à sacrifier leur vie à une tâche qui leur donnait des droits assurés à l'immortalité.

Méchain appartenait à l'Académie depuis plus de dix ans; il y était entré en qualité d'ingénieur hydrographe, à la recommandation de Jérôme de

Lalande, qui avait eu l'occasion d'apprécier son mérite. Cet astronome, déjà célèbre, était né à Laon de parents très pauvres dans le courant de l'année 1744, et était venu à Paris sans aucun appui. Il avait passé par de rudes épreuves, ayant eu à supporter une grande misère, dont la protection de son patron n'avait jamais pu complètement le tirer. Il avait un caractère timide et susceptible, mais c'était un observateur très sûr, très distingué et très assidu. Il a exécuté avec la régularité machinale d'un soldat du devoir toutes les missions nombreuses dont il a été chargé pendant sa carrière académique, avant d'avoir obtenu celle qui faisait son orgueil et qu'il devait accomplir avec un dévouement poussé jusqu'à l'exaltation.

Le collègue de Méchain était presque son compatriote, puisqu'il était né à Amiens; il était moins âgé de cinq années. C'était également le rejeton d'une famille peu fortunée, qui avait été élevé par le curé de son village et qui avait commencé par porter toute son activité sur la littérature. Il était venu à Paris pour être le précepteur du fils d'une famille riche, et avait suivi, comme amateur, le cours que professait Jérôme de Lalande au Collège de France. Ce savant sympathique, qui aimait à encourager le mérite, l'avait bientôt distingué et l'avait décidé sans peine à se consacrer exclusivement à sa nouvelle vocation.

Delambre avait envoyé à l'Académie, sur la théorie des satellites de Jupiter, un mémoire qui venait

d'obtenir le grand prix d'astronomie. C'est à la suite
de ce brillant succès, fort mérité, que son maître le
fit entrer dans le sein de la Compagnie, où une va-
cance venait de se produire. Il le fit attacher à la
Commission du mètre, au succès de laquelle le vieil
astronome s'intéressait vivement, car il avait accepté
avec ardeur les principes de la Révolution française,
et il entendait avec peine les regrets que nombre de
ses confrères exprimaient sur le passé.

Les membres délégués pour la mesure de la méridienne avaient plusieurs assistants, notamment un
adjoint en qui ils devaient avoir toute confiance.

En effet, la plupart des opérations avaient en quelque sorte lieu en partie double. Elles supposaient la
présence d'un astronome au moins à deux sommets
de chaque triangle sphérique que l'on déterminait.

L'adjoint de Méchain se nommait Tranchot; il
faisait partie du personnel de l'Observatoire royal,
auquel Méchain avait été longtemps attaché sous le
titre bizarre de capitaine-portier. L'adjoint de Delambre était Le Français, le propre neveu de Lalande,
qui l'aimait comme son enfant et qui finit par en
faire un membre de l'Institut.

Chaque délégué de la Commission du mètre avait
en outre à sa disposition des voitures d'une forme
particulière, pour transporter les piquets, les lanternes, les lunettes, les outils, etc., etc. En effet,
les opérations le menaient souvent dans des lieux
écartés et déserts, où la civilisation n'avait pas fait
beaucoup de progrès depuis les premiers Capétiens.

CHAPITRE IV

Comme Méchain était parti à une heure matinale où
les Argus qui veillaient de toutes parts au salut de
la Révolution dormaient encore, il ne se produisit
aucun événement désagréable à sa sortie de Paris.

Les voyageurs ne changeaient de chevaux que
dans la grande halte où ils s'arrêtaient pour dîner,
et dans celle où ils passaient la nuit; personne ne se
serait hasardé même en temps calme de courir les
grands chemins sans que Phœbus brillât au firmament.

A la première étape, les choses se passèrent régulièrement. Il suffit de l'exhibition de quelques papiers
et d'un interrogatoire sommaire pour donner satisfaction au maître de poste et à l'officier municipal
qui s'était rendu dans l'auberge où Méchain dînait
avec ses trois assistants.

Mais il n'en fut pas de même à Malvoisine, petit
hameau construit au milieu d'une plaine fertile. Le

relais était établi dans une grande ferme qui existait déjà en 1740, et dont la cheminée a servi de signal pour la vérification de la méridienne.

Le maître de poste se montra très empressé et très accommodant. Malheureusement le pays avait été révolutionné par le passage récent du bataillon de volontaires venant de Marseille pour réchauffer le zèle des Parisiens. Il y avait laissé deux malades qui, tout en se rétablissant aux frais de la nation, employaient leurs loisirs à semer la défiance autour d'eux.

Pendant que les voyageurs attendaient leur repas, les travailleurs étaient revenus des champs et s'étaient amassés autour de ces agitateurs qui avaient appelé civiquement leur attention sur les paquets volumineux et les caisses de forme étrange que renfermaient les voitures bizarres des étrangers.

Quoique Malvoisine ne fût pas sur la route de la frontière, et que Méchain, qui était sec et maigre, n'offrît aucune ressemblance ni avec Louis XVI, ni avec aucun membre de sa famille, les commentaires allaient leur train. Quand l'orage se fut accumulé pendant un temps suffisant, le paysan qui faisait les fonctions d'officier municipal et portait une écharpe tricolore roulée au-dessus de sa blouse, s'avança brusquement vers l'astronome et lui déclara qu'il s'opposait à son départ avant de savoir qui il était.

Croyant que la fameuse proclamation royale qu'il réservait naïvement pour les grandes occasions produirait de l'effet, Méchain s'avisa de la produire.

Malheureusement personne dans la foule ne savait lire, pas même les deux Marseillais qui étaient la cause première de cette bagarre. La seule chose que l'on vît, c'était le timbre fleurdelisé qui était sur la proclamation, et ce symbole d'une loi détestée ne pouvait qu'augmenter le tumulte.

Méchain comprit bientôt qu'il fallait renoncer à poursuivre sa route, et que tout ce qu'il pouvait espérer était de gagner du temps jusqu'à ce que l'on se fût expliqué devant des autorités moins ignorantes.

Il offrit donc d'envoyer un de ses hommes à Fontainebleau avec deux délégués de la foule et de rester en otage jusqu'au retour des commissaires.

La proposition n'était pas du goût de tout le monde, surtout des Marseillais, qui s'agitaient beaucoup pour obtenir une solution plus radicale et plus prompte. Mais l'attitude de Méchain était si calme, si résolue, qu'elle commandait le respect. L'astronome et ses trois compagnons étaient armés d'une paire de pistolets qui commençaient à laisser voir leur gueule, pour prévenir les habitants de Malvoisine que les suspects ne se laisseraient pas accrocher sans résistance à quelque réverbère et qu'il fallait compter avec eux.

On accepta donc l'offre de Méchain et l'on se mit en devoir de procéder à son exécution. Ce n'est pas sans quelque difficulté que l'on procéda au choix des délégués qui devaient accompagner Tranchot jusqu'à Compiègne. En attendant le retour de la délégation, Méchain conçut l'idée d'inviter sans cérémonie le farouche municipal à partager son repas, qui fut assaisonné de quelques provisions de bouche et de quelques bouteilles de vin qu'il avait dans les coffres de sa voiture.

Malgré la défiance naturelle aux ignorants et les gros yeux que roulaient les Marseillais auxquels Méchain ne fit pas la moindre politesse, il s'établit une sorte d'intimité entre les naturels de Malvoisine et ceux qu'ils voulaient pendre de leurs propres mains, si les renseignements n'étaient pas confirmés par les citoyens incorruptibles envoyés à Fontainebleau.

Heureusement le médecin du pays, qui était un brave homme fort instruit et fort éclairé, vint à passer dans sa carriole. Le municipal le vit arriver par la fenêtre. Comme il commençait à craindre de jouer un rôle ridicule, il s'empressa de l'appeler pour lui raconter la capture qu'il avait faite, et le prier de lire les papiers qu'on lui avait montrés et auxquels il n'avait rien compris, pas plus que s'ils avaient été écrits en grec.

Dès que le savant docteur eut jeté les yeux sur les pièces qu'on lui présentait, il serra avec cordialité la main de Méchain, et, se retournant brusquement vers les paysans ébahis, il leur déclara qu'ils avaient commis la plus grande de toutes les sottises en s'opposant à une entreprise que devaient encourager tous les Français. Il ajouta que le citoyen était un patriote des plus estimables, qu'on avait eu grand tort de croire en connivence avec les ennemis de la patrie, et il demanda par le conseil de qui l'on avait commis la faute grave de mettre des entraves à son voyage.

Chacun désigna les Marseillais. Méchain aurait pu leur faire un mauvais parti, mais il se contenta de les admonester vertement, leur reprochant leur manque de bon sens et leur exaltation.

Le lendemain matin, l'astronome reprit son chemin après avoir reçu et accepté les excuses de l'officier municipal, et partit aux applaudissements de tous les cultivateurs, à qui, pour récompense, il montra tous ses instruments. Son sauveur tint de plus à l'accompagner jusqu'au relais suivant, afin de le recommander personnellement au maître de poste; il le quitta en se chargeant d'une lettre destinée à Delambre, et dans laquelle la mésaventure de Malvoisine était racontée avec les plus grands détails. Pendant quelque temps il n'arriva plus d'incident grave, parce que de l'autre côté de la forêt de Fontainebleau Méchain trouva des populations paisibles, disposées à accepter les bienfaits de la Révolution, en même temps que d'en répudier les excès.

CHAPITRE V

Malgré l'assertion de la Commission du mètre que la vérification des mesures prises en 1740 ne serait qu'une opération de peu d'importance et d'une durée médiocre, Delambre ne tarda pas à se convaincre que la tâche était plus difficile que ses collègues ne l'avaient supposé. Il avait à peine mis les pieds hors du mur d'enceinte, qu'il put se convaincre de l'étendue et de la gravité des changements de toute nature que la vie sociale introduit dans la physionomie du sol d'un pays civilisé en un demi-siècle couronné de deux ans. Les défrichements, les constructions de nouveaux édifices, l'ouverture de canaux ou de routes, les démolitions, les changements de destination des maisons, les incendies, les caprices des propriétaires, remaniaient la surface du sol presque aussi profondément peut-être que le feraient des convulsions naturelles dans les pays tourmentés par le voisinage de cen-tres d'agitation volcanique.

C'est naturellement vers la butte Montmartre, point culminant des environs du Paris de 1792, que Delambre commença par porter ses pas dans le travail d'examen sommaire par lequel il préludait à ses opérations, en attendant les instruments qui lui manquaient.

Il trouva là-haut un petit village de deux à trois mille paysans réunis autour d'une abbaye occupant l'emplacement de la mairie actuelle, ou groupés autour de l'église bâtie sur les ruines des temples païens, et vivant au milieu de moulins encore assez nombreux.

Ce site si pittoresque était peu visité par les excursionnistes, et les habitants y avaient été sou-mis, jusqu'à la veille de la Révolution, à la juridic-tion seigneuriale des abbesses. On y avait encore pendu un criminel en 1786, au nom de Mlle de Ro-chechouart, qui allait bientôt elle-même, sur l'écha-faud révolutionnaire, faire l'essai d'un genre de sup-plice non moins barbare, quoique plus perfectionné.

Quand Delambre fit l'ascension de la butte, les nonnes attendaient leur arrestation ou leur expul-sion, qui eut lieu quelques jours après; tout le pays était dans l'agitation : aussi l'astronome ne put trouver personne qui lui donnât des renseignements sur ce qui s'était passé à Montmartre depuis que Cassini l'avait visité avec ses compagnons.

Il fut fort désappointé de voir que l'église n'avait plus le clocher ouvert de toutes parts, d'où ses prédécesseurs avaient pu exécuter au nord, au sud, toutes les visées nécessaires pour commencer leur travail [1].

Il n'y avait dans le voisinage qu'une tour ronde, qui a disparu depuis, et qui ne pouvait lui être d'aucun secours, car elle ne dépassait pas le faîte de l'église.

Il n'était pas possible d'élever la moindre construction dans un endroit situé si favorablement au point de vue topographique, mais où les transports étaient difficiles et l'opinion surexcitée par la discussion des lois relatives au traitement des prêtres réfractaires.

Convaincu qu'il fallait chercher ailleurs, Delambre pensa au sommet du Panthéon.

M. de La Rochefoucauld, qui était alors président de l'Académie des sciences et du département de Paris, le prévint qu'on se préparait à faire des changements au dôme, qu'il ne lui serait pas possible de retrouver le point où il avait opéré, si plus tard il en avait besoin.

Cet inconvénient était si grave, que Delambre essaya de s'installer sur un belvédère récemment construit à Montmartre. Malheureusement, on ne

1. C'est dans les cryptes souterraines de cette église que Loyola et ses compagnons ont prêté le serment qui fonda l'ordre des Jésuites. La rue des Rosiers, où furent assassinés les généraux Clément Thomas et Lecomte, meurtre qui donna le signal de l'insurrection communarde, est dans le voisinage.

pouvait rien voir du côté du sud du haut de cette
station. Il se rejeta alors sur le dôme des Invalides,
mais ce point n'était pas assez élevé pour qu'on pût
apercevoir les stations au nord de Paris. Il fallait
donc se résigner au Panthéon, sauf à tenir compte
des changements qui se produiraient dans l'archi-
tecture de la partie supérieure de ce monument
lorsqu'il voudrait revenir sur son travail pour en
déterminer la précision.

Mais, tout en jetant les yeux sur ce monument,
l'habile astronome comprit qu'il ne devait pas dédai-
gner la terrasse de Montmartre, qui appartenait à
un restaurateur nommé Flécheux, et où il prit des
arrangements pour établir un signal de nature à
servir à ses opérations immédiates, aussi bien qu'à
celles de vérification.

Après avoir perdu quelques jours dans ces démarches préliminaires, il commença par explorer
les stations méridionales jusqu'à une certaine distance de Paris, pendant que Lenoir polirait et divi-
serait le second cercle, dont il avait besoin pour
marcher vers le nord, où la campagne sérieuse
devait commencer.

La première station au sud était la fameuse tour
de Montlhéry, où le suzerain du comté venait autrefois recevoir foi et hommage de tous ses vassaux,
et qui reçoit encore de temps en temps, dans son
état actuel de délabrement, les hommages des savants; car plusieurs expériences sur la vitesse du
son et sur celle de la lumière y ont été exécutées,

depuis l'époque où elle a été visitée par Delambre.

Quoique portant à un haut degré les traces de l'action dévastatrice du temps, qui a fait disparaître les restes de plusieurs enceintes, la tour est restée dans un état de solidité relative. Depuis 1740, il n'était survenu aucun éboulement notable, mais cette masse imposante de pierres entassées offrait un volume trop considérable pour que Delambre pût songer à s'en servir comme point de mire. Il fit donc apporter un tronc d'arbre qu'on plaça à l'angle où les débris d'un mur à moitié démoli viennent se raccorder avec ce qui reste de la tour et partit immédiatement après avoir fait accomplir sous ses yeux ce petit travail.

Mais Montlhéry possédait une société populaire fort active depuis qu'une nonne du pays avait réussi à attirer sur elle l'attention publique par une pétition accueillie avec faveur par l'Assemblée nationale. Un cousin de cette héroïne avait été un des premiers à arborer le drapeau rouge. C'était un petit propriétaire qui avait fait autrefois partie des pages du comte d'Artois, et qui avait connu Marat lorsque celui-ci était médecin des écuries. Il recevait régulièrement *l'Ami du peuple*, et dévorait les diatribes que cet énergumène publiait quotidiennement contre la science et les savants.

Quand il sut qu'un morceau de bois avait été placé dans l'intention de faciliter la mesure de la ligne d'où le mètre devait être tiré, il entra dans une grande colère. Il déclara que l'importante cité, qui avait été si longtemps un des repaires de l'aristocratie, devait se signaler par son opposition à une entreprise dirigée par des aristocrates, comme le fermier général Lavoisier et le marquis Caritat de Condorcet.

Il n'en fallut pas davantage pour exciter un tumulte à la suite duquel une bande d'écervelés se rendirent à la tour en vociférant les chansons patriotiques du temps. Le tronc d'arbre fut donc enlevé et ramené en triomphe sur la place de Montlhéry, où il fut débité en morceaux; on en fit un petit bûcher et on y mit le feu.

Le lendemain, l'administrateur du district, qui était en tournée, revint à Monthléry. C'était un homme ferme, qui avait servi en Amérique sous MM. de Lafayette et le marquis de Rochambeau, et qui savait qu'il est nécessaire de faire respecter les lois.

Il fit venir devant lui l'auteur de tout ce désordre et lui déclara qu'il le poursuivrait comme coupable d'avoir occasionné un attroupement, s'il ne réparait le dommage à ses frais.

Comme il s'agissait d'un emprisonnement qui pouvait être de quelque durée et que notre braillard n'avait pas envie de faire connaissance avec les cachots de Versailles, il demanda l'autorisation d'exécuter lui-même le travail avec des journaliers qu'il payerait.

Cette faculté lui fut accordée; mais il en profita pour apporter un arbre si petit, que Delambre ne put le voir lorsqu'il fit ses visées à distance. Il dut donc compléter les mesures de cette station en l'an V, lorsque Robespierre et les principaux chefs de la secte terroriste eurent subi le traitement qu'ils avaient imposé à tant de bons citoyens. La France ayant été délivrée de la domination de cette secte, les populations étaient calmes et rassurées. Les travaux scientifiques utiles à la grandeur de la République pouvaient être paisiblement exécutés, sous l'égide d'un gouvernement régulier.

Brie-Comte-Robert est une petite ville de l'arrondissement de Melun, célèbre dans les annales de nos superstitions. Le roi Philippe-Auguste y fit brûler 80 Juifs, en expiation d'un crime imaginaire commis en Terre Sainte sur la personne d'un habitant de Brie. A la fin du XVIIe siècle, un berger du pays, nommé Pierre Houcque, et plusieurs de ses complices, furent condamnés par le Parlement de Paris, comme coupables de sorcellerie et sortilège. Mais les habitants de cette jolie petite ville, convertis à des idées progressives, avaient pris le soin de consacrer par un monument le souvenir de l'expérience de 1740.

La lanterne qui avait servi aux observations de 1740 avait été terminée par une belle tour carrée de 20 mètres de haut, que terminait une pyramide octogone. Delambre n'eut aucun travail à ordonner dans cette station, où, comme dans beaucoup d'autres, ses ordres auraient été exécutés avec le plus patriotique empressement.

On se ferait, en effet, une idée inexacte de l'état de la France, si l'on croyait que cette fièvre pernicieuse régnait sur tous les points du territoire. Les terroristes n'étaient à craindre que parce qu'ils avaient l'art de grossir leur nombre, et surtout parce qu'ils prenaient soin de se concentrer dans les endroits où ils devaient exécuter quelque coup.

L'astronome républicain arriva ensuite à Torfou, petit village de Seine-et-Oise, bâti sur les hauteurs pittoresques qui dominent la vallée de la Juine. Éloignés des grandes routes, les cultivateurs se livraient paisiblement aux travaux des champs. Ils reçurent avec étonnement, mais sans défiance, les opérateurs, et auraient, sans réclamation, laissé ériger tous les pylônes dont ils auraient eu besoin pour leurs triangulations. Mais le clocher de l'église, dont on s'était servi en 1740, existait encore. Comme il était surmonté d'un toit rustique, semblable à celui d'une cabane, Delambre y fit placer une petite barre verticale en bois, qui se prêtait mieux à l'exécution des visées géométriques. Cette adjonction était tellement peu de chose qu'elle ne pouvait porter ombrage au plus défiant Jacobin.

Lorsque Delambre arriva à Malvoisine, il avait reçu la lettre de Méchain, qui le prévenait qu'il devait opérer avec beaucoup de circonspection. Du reste, l'aubergiste l'avertit que le danger n'était point passé, car les Marseillais avaient pris leur revanche, et ils n'étaient partis pour Paris qu'après avoir lu aux paysans des écrits dans lesquels le

« Père Duchêne » attaquait l'Académie des sciences, et déclarait que « *foutre* il fallait guillotiner ses membres errants ».

Comme ces invectives avaient semé une irritation profonde, il eût été dangereux de la braver. Delambre se borna à faire hausser de quelques pieds la cheminée de l'établissement. Le maître de poste se chargea de ce petit travail, qu'il exécuta sous prétexte d'augmenter le tirage de son feu.

La tour de Montjay, dont le duc de Gesvres venait de faire don à la commune voisine, avait joué un rôle considérable dans l'histoire de ces régions. Jean Petit raconte, dans son apologie du duc de Bourgogne, que Louis d'Orléans gagna à prix d'argent quatre personnes qui se rendirent avec lui dans cet édifice et y logèrent tout le temps qui sépare Pâques de l'Ascension. Un certain dimanche, avant le lever du soleil, du haut de cette tour, un moine apostat, qui faisait partie de la compagnie, adressa plusieurs invocations aux diables; ceux-ci parurent au nombre de deux et depuis troublèrent la raison du roi Charles.

Du temps de Picard elle était en si mauvais état, que cet astronome n'avait pas osé y remonter pour vérifier un de ses triangles, qui offrait pourtant une erreur de 10″. Cassini et Lacaille furent plus hardis en 1740, et quoiqu'il n'en restât plus qu'une moitié dans laquelle subsistaient quelques vestiges d'un escalier en pierre et des galeries pratiquées dans l'épaisseur du mur pour voir de quel côté venait l'ennemi, ils parvinrent à s'y hisser.

Mais, après avoir reconnu qu'il était impossible d'y faire des observations sérieuses, ils se décidèrent à placer un signal à 12 mètres de l'extrémité orientale.

Delambre se trouva, comme ses prédécesseurs, en face d'une masse qui n'avait aucune forme régulière et dont le sommet paraissait tout à fait inaccessible.

Sans tenter l'ascension, il se décida à prendre le parti auquel les astronomes de 1740 s'étaient résolus après leur tentative hasardeuse. Il donna l'ordre à un charpentier du pays de dresser un pylône assez élevé pour qu'on pût l'apercevoir de Montlhéry ainsi que des stations avec lesquelles il devait être relié du côté du sud.

La ville de Melun, dans le voisinage de laquelle la station de Montjay se trouve placée, n'avait pas cédé sans résistance au mouvement révolutionnaire. La municipalité était composée de patriotes, qui résistèrent avec courage, au mois de septembre, lorsque les égorgeurs vinrent demander la tête des prisonniers. C'est à la dernière extrémité que les exécutions furent autorisées. Mais ces braves gens n'avaient pas plus que les administrateurs des communes révolutionnées le pouvoir de calmer l'exaltation des paysans.

Les populations rurales de ce district étaient bien différentes de celles qui étaient voisines de Montlhéry. Elles étaient alarmées par les progrès de la Révolution et avaient une frayeur très grande des brigands. Elles ajoutaient foi à tous les contes des contre-révolutionnaires et s'attendaient à ce que l'on viendrait procéder au partage des biens.

Aux yeux de ces pauvres diables, les opérations des astronomes étaient le premier acte de cette immense spoliation.

Cette opinion aussi extravagante qu'extraordinaire produisit un véritable soulèvement. Il se forma spontanément une bande grotesque composée en grande partie de femmes, de vieillards et d'enfants, qui portaient pour armes des fourches, des bâtons et même jusqu'à des manches à balai.

Mais ces révoltés contre la science n'en étaient pas moins redoutables, à cause de leur nombre et de leur exaltation.

Delambre et ses compagnons auraient passé, comme on le dit, un mauvais quart d'heure si ces déments les avaient rencontrés. Heureusement les astronomes avaient pris par hasard une autre route pour continuer leur tournée, à laquelle ils procédaient sans se douter de la gravité de l'orage qui se déchaînait derrière eux.

Comme le charpentier, qui était connu de la plupart de ces manifestants, leur promit de ne pas exécuter le travail dont il avait été chargé et de les prévenir lorsque ceux qui le lui avaient commandé reparaîtraient, ils rentrèrent dans leurs foyers enchantés de leur grande victoire et tout fiers de l'héroïsme qu'ils avaient montré.

Si l'astronome avait échappé à la bande qui le

cherchait, c'est qu'il avait été visiter le château de Belassize, au centre duquel se trouvait un pavillon qui lui avait paru excessivement favorable aux observations, et qui était habité par une famille riche, intelligente, dans le sein de laquelle il avait trouvé l'accueil le plus distingué.

Ce pavillon, de forme assez bizarre, a été construit avec le plus grand soin par un habile architecte. C'est une pyramide quadrangulaire tronquée dont la base supérieure est un carré de deux mètres de côté. Si l'on y avait placé un signal, les visées auraient pu se faire avec une précision parfaite.

Mais il eût été imprudent d'attirer l'attention des voisins sur ce qui se passait dans l'intérieur de cet édifice, et d'ajouter aux dangers déjà trop grands que couraient ses habitants. C'eût été bien mal reconnaître l'hospitalité généreuse qu'ils accordaient à la science.

Delambre se décida à faire ses observations en cachette, comme s'il avait fait de la fausse monnaie; car la description de ses manœuvres, transportée à quelques lieues de distance, colportée par des bouches malveillantes ou inintelligentes, pouvait entraîner les inconvénients les plus sérieux.

Après avoir inspecté les premières stations du sud, il se décida à passer de l'autre côté de Paris, pour voir de quelle manière il lui serait possible d'opérer dès que son constructeur se serait décidé à lui livrer l'instrument dont il ne pouvait se passer.

Les stations au nord de la grande ville ne se trouvaient point dans un état beaucoup plus satisfaisant que celles du midi.

Quoique rebâti en 1745, le clocher de Saint-Martin du Tertre menaçait ruine, au point qu'on en avait retiré déjà les cloches, à l'exception d'une seule, qu'on ne pouvait sonner sans ébranler la charpente et la maçonnerie d'une façon tout à fait alarmante. Ce n'était point le moment de demander qu'on consolidât ce beffroi, puisque le culte était alors interrompu dans cette église, à cause de la résistance opposée au serment civique par le clergé.

L'église de Dammartin était encore dans une position plus précaire, car elle était déjà vendue au spéculateur qui se préparait à l'abattre pour en retirer les matériaux, avec lesquels il était certain de faire un joli bénéfice. Comme cet homme ne se serait pas laissé persuader d'attendre, il n'y avait pas à hésiter; il fallait employer sans retard les derniers jours d'une station dont il aurait été difficile de se passer.

Le 15 juillet, Delambre revint donc à Paris pour arracher ses instruments à Lenoir. L'opticien avait enfin terminé le cercle, mais il restait encore à terminer les réflecteurs, ce qui mit Delambre dans une grande colère. Mais, ne pouvant mieux faire, il se résigne à s'en passer et à se mettre en campagne avec ses fourgons.

CHAPITRE VI

Le 16 juillet, Delambre quittait enfin Paris, emmenant avec lui ses aides. Sans s'arrêter à Compiègne, il se rendait à la Jonquière, où il arrivait le 18.

Il trouva dans cette petite commune un maire parfaitement ignorant de ce qui se passait, ne connaissant ni Delambre, ni la Commission nommée par l'Académie, sachant à peine ce qu'était l'Académie.

Les autorités de Compiègne, de qui il dépendait, n'avaient pas jugé convenable de lui transmettre les avis officiels, de sorte qu'il n'avait pas plus entendu parler du mètre que s'il eût vécu en Chine. C'était du moins ce qu'affirmait ce cauteleux personnage ; cependant il était prêt à croire les voyageurs sur parole et à leur donner son concours. Il leur accordait l'autorisation de s'entendre avec le maître du moulin où leur observatoire devait être établi.

A peine avait-il tourné les talons, qu'un rassemblement se formait autour des étrangers. Les paysans prenaient l'air narquois et menaçant propre à l'ignorance, et ceux qui ne questionnaient pas l'astronome écoutaient ses explications d'une façon peu sympathique, en gardant un silence de mauvais augure.

Cependant un indigène, un peu plus communicatif que les autres, apprit à Delambre qu'il y avait dans le pays un vieillard qui se rappelait encore avoir assisté dans son enfance aux opérations de 1739, qui avaient eu lieu précisément dans le moulin où il s'agissait de s'établir de nouveau. L'astronome s'empressa de le faire venir et de l'interroger.

Les récits naïfs de ce vieillard intéressaient vivement l'astronome, mais ils déplaisaient particulièrement au meunier, qui ne se souciait pas de recevoir des étrangers chez lui, et qui ne tarda pas à soulever une foule d'objections.

Les paysans, sur lesquels l'acquéreur de l'ancien moulin banal de la contrée avait une grande influence, s'empressèrent de faire chorus avec lui. Ils commençaient à couvrir la voix du témoin invoqué par Delambre, prétendant que c'était un vieux jésuite qui commençait à radoter. La position devenait difficile, lorsque Delambre vit arriver un groupe de personnages revêtus de l'écharpe tricolore ; il respira un instant et se crut sauvé. C'était bien, en effet, monsieur le maire qui venait, escorté de ses deux adjoints ; mais monsieur le maire avait réfléchi sur l'imprudence qu'il avait commise en accordant une autorisation aussi grave que celle d'entrer dans un moulin d'où l'on pouvait faire des signaux aux émigrés ou à l'ennemi. La proclamation du roi dont les inconnus se prévalaient n'avait pas grande valeur si elle était authentique, mais tout portait à croire que c'était une pièce fausse, puisque les patriotes de Compiègne ne lui en avaient pas envoyé une expédition.

Pour mettre un terme à ce conflit, Delambre offrit de partir pour Beauvais, où il eût été probablement conduit enchaîné entre deux gendarmes s'il n'avait cherché à devancer la justice du peuple. On le laissa donc s'éloigner, accompagné par deux habitants qui avaient pour mission apparente de lui servir de guide, mais à qui l'on avait donné les instructions précises de l'appréhender au corps, dans le cas où il chercherait à s'échapper.

' Les personnes qu'il avait laissées à la Jonquière étaient sous bonne garde, et, sous aucun prétexte, on ne leur aurait permis de s'éloigner.

Heureusement, le préfet du département de l'Oise était un ancien constituant, qui avait présidé une des séances dans lesquelles il avait été question de la mesure du mètre. Il se considérait comme étant un des pères de l'entreprise : aussi se mit-il en quatre pour être utile à Delambre.

Il lui donna les attestations les plus amples, les

plus explicites, revêtues du cachet du département, puis il lui remit une lettre particulière pour le curé du village, qui, en qualité de prêtre assermenté, avait de l'autorité sur les habitants; ceux-ci étaient de meilleure foi que leur maire, et ne demandaient qu'à se laisser rassurer.

Pendant tout le temps que les astronomes eurent à rester dans le pays, ils furent comme chez eux. Le meunier, qui avait commencé à comprendre qu'il attraperait quelques écus de six livres, s'était amadoué. Comme il avait à se faire pardonner sa mauvaise humeur, il se laissait volontiers offrir quelques tournées.

Delambre n'eut plus d'autres contrariétés qu'un temps brumeux et pluvieux qui lui fit perdre toute une journée, et la mortification de reconnaître que le clocher de Clermont n'était plus à la place où il s'élevait en 1739. Cette circonstance était gênante, parce qu'elle nécessitait des calculs supplémentaires et multipliait les chances d'erreur. Il fallait employer une formule compliquée que l'on nomme la réduction au centre de station, et qui avait pour but de calculer des observations fictives telles qu'on les eût faites si l'on se fût placé sur l'édifice qui avait disparu.

Le 10 août au matin, avant l'heure où la multitude s'ébranlait pour commencer le dernier envahissement des Tuileries, Le Français de Lalande partit pour Paris avec ordre d'allumer le soir même un des signaux que l'on avait placés au belvédère du cabaret Flecheux. Vainement Delambre passa la nuit entière à interroger sa lunette. Il vit bien une lueur rouge empourprer l'horizon, mais c'était du côté de la place du Carrousel et non pas du côté de Montmartre, où tout restait dans l'obscurité.

L'apparition de ces lueurs étranges intrigua vivement Delambre, qui en conclut que quelque circonstance extraordinaire avait pu empêcher son adjoint d'arriver à temps. Aussi, dès le lendemain, à la chute du jour, était-il à son poste. Sa joie fut vive quand il vit une lumière s'allumer dans la direction du pavillon Flecheux, mais cette lumière était faible et tremblotante, comme si ce n'était pas sans une appréhension secrète qu'elle laissait ses rayons percer l'immensité des nuits.

Dans son enthousiasme, Delambre ne se préoccupait plus du retard de la veille. Il n'y avait qu'une chose qui l'ennuyât, c'était de ne pas avoir des réverbères semblables à placer sur l'église de Saint-Germain du Tertre et sur celle de Clermont. Heureusement, Lenoir ne lui avait pas encore remis ces luminaires, car s'ils eussent servi dans une nuit pareille, il est certain que les astronomes n'auraient pas échappé à la fureur populaire. Sans que Delambre pût s'en douter, tant cette révolution fut soudaine, la nuit où Le Français n'avait point allumé la lampe de Montmartre était la dernière de la royauté!

Pour comprendre ce qui va suivre, il est indispensable de faire un pas en arrière pour raconter ce qui était arrivé au neveu de Jérôme de Lalande.

Tout fier de la mission que Delambre lui avait confiée, le jeune Le Français avait poussé vigoureusement son cheval et était arrivé sans difficulté à Paris. Malgré l'immense agitation de toutes les campagnes, pendant une journée aussi tourmentée que celle du 10 août, personne n'avait entravé la marche d'un cavalier portant la cocarde nationale. La garde qui veillait à la porte Saint-Denis l'avait même acclamé, en voyant passer son cheval couvert d'écume et de poussière, et dont les flancs avaient été labourés par les éperons. On croyait que c'était un jeune enthousiaste empressé de cueillir des lauriers dans la cour du Carrousel, où les Suisses et quelques gentilshommes versaient bravement leur sang pour une cause dès lors à jamais condamnée dans l'esprit des Français.

Lorsque, après avoir pris la lampe et le réflecteur qui se trouvaient encore dans les ateliers de Lenoir, il voulut passer par la barrière de la ruelle de la Croix-Blanche pour se rendre à Montmartre, le jeune messager rencontra une résistance obstinée de la part des hommes de garde. Peu s'en fallut qu'on ne l'arrêtât, en voyant la persistance avec laquelle il demandait à sortir de Paris avec un objet propre à faire des signaux.

C'est avec peine qu'il obtint l'autorisation de rester libre pour aller chercher auprès de son oncle, qui demeurait à l'autre bout de Paris, les attestations et les certificats dont il avait besoin.

Jérôme de Lalande, qui était un bon patriote, très

dévoué aux idées nouvelles, et qui leur aurait fait au besoin le sacrifice de sa vie, avait assisté aux événements du 10 août; quoiqu'il n'eût pas pris part au combat, il se considérait un peu comme un vainqueur de cette journée. Il entra dans une grande colère quand il apprit l'obstacle que les citoyens gardes nationaux avaient mis à la sortie de son neveu, et il résolut de l'accompagner lui-même.

Il était alors assez connu dans tout Paris pour que sa présence valût une autorisation que les autorités n'auraient pu donner, par la raison bien simple qu'il n'y avait plus en quelque sorte d'autorités, et qu'il fallait improviser un nouveau gouvernement pour remplacer celui qui venait de tomber d'une façon si tragique et si inattendue. Mais Mme Le Français, qui se trouvait auprès de son frère, fit remarquer qu'il était imprudent de se hasarder de nuit dans les rues de Paris. En effet, quoiqu'on fût à une époque de la lune où l'éclairage public devait fonctionner, les lanternes voisines de l'Observatoire n'avaient point été allumées.

Il fut donc décidé qu'on remettrait l'opération au lendemain et que, pour ne pas avoir à revenir le soir, on irait dîner et coucher chez Flecheux, où le neveu et l'oncle veilleraient sur la lanterne destinée aux opérations.

Le neveu fit bien quelque résistance, en songeant au désappointement de Delambre; mais en réfléchissant qu'après tout il y avait eu beaucoup d'autres désenchantements plus terribles dans une journée où un trône s'était écroulé, il se résigna à oublier pour un jour la consigne que son chef lui avait donnée.

Comme il ne négligeait jamais l'occasion de faire des observations, l'astronome de la République française emporta avec lui une grosse lunette, et aussitôt après le déjeuner il se dirigea vers Montmartre, après avoir fait mettre à Le Français un bonnet rouge semblable à celui qu'il portait déjà.

Flecheux avait été sous-officier dans le corps des archers que l'abbesse de Montmartre avait organisé quelque temps avant le commencement de la Révolution, et dont les aristocrates du quartier avaient longtemps affecté de porter le costume mi-parti de rouge et de bleu; mais c'était avant tout un restaurateur, et son opinion politique consistait uniquement à faire tourner sa broche. Il fut donc enchanté de l'aubaine que les astronomes en bonnet rouge lui procuraient; comme il avait quelques petites peccadilles antirévolutionnaires à se faire pardonner par les patriotes influents du quartier, il résolut de tirer parti de cette circonstance pour faire un peu de bruit avec son civisme de fraîche date. Il poussa donc le zèle jusqu'à aller à la section des Porcherons, qui tenait la place où le faubourg Montmartre devait être ouvert après la Révolution, et prévenir les délégués que l'on verrait des choses extraordinaires le soir dans sa maison. Une circulaire en règle, précaution sans laquelle les illuminations eussent été troublées par une dangereuse perquisition, avertit les postes des barrières voisines de ne pas s'alarmer des feux qu'on verrait allumés sur la terrasse du citoyen Flecheux, ces signaux étant destinés aux opérations auxquelles de savants astronomes se livraient pour la gloire de la nation et le bien du genre humain.

Lalande ne quitta pas son neveu, et veilla avec lui presque toute la nuit pour lui apprendre l'art difficile de pointer une lunette avec une grande précision. Mais dès l'ouverture des portes de Paris, il le réveillait, le faisait vivement habiller, et le conduisait à l'Hôtel-de-Ville. Grâce à la haute protection et au bonnet rouge d'un savant si aimable, le remplaçant intérimaire du duc de La Rochefoucauld lui remettait une lettre très chaude de recommandation pour les autorités du département de Beauvais et pour celles du département de Melun.

Muni de ces deux talismans, le jeune homme partit comme un triomphateur, lançant son cheval au galop, et excitant l'enthousiasme des populations, qui voyaient en lui un messager de la Révolution.

Delambre n'était pas aussi avancé dans le mouvement que le directeur de l'Observatoire, mais il n'avait pas non plus d'attaches avec la royauté. Quoique s'apitoyant plus qu'il ne le laissait paraître sur le sort de Louis XVI et de sa famille, c'était avant tout un patriote et un savant comprenant que le régime nouveau devait se légitimer par des travaux éclatants, et persuadé que la mesure de la méridienne brillait au premier rang de ces recherches mémorables. Après avoir entendu sommairement le récit des événements immortels qu'il avait le temps de se faire expliquer plus tard par le menu, il demanda de longs détails sur les expériences de la nuit, et il développa le plan de campagne qu'il comptait suivre.

Il était encore en train de causer avec Le Français, lorsqu'il reçut un paysan que lui expédiait à pied le charpentier de Montjay. Cet homme était porteur d'une lettre qui racontait, avec les plus grands détails, l'insurrection des paysans et l'impossibilité dans laquelle il se trouvait de terminer le travail dont il avait été chargé.

C'était le moment de se servir des lettres que Le Français avait apportées de Paris. Aussi, après avoir donné à ses autres aides l'ordre de ne pas quitter leur poste avant son retour, Delambre partit à franc étrier pour se rendre à Meaux, afin d'obtenir des ordres du district et de faire cesser l'opposition des gens de Montjay. Le Français l'accompagnait. Les deux astronomes trouvèrent les autorités d'autant mieux disposées que Bailly, l'ami et maire de Paris, se trouvait en ce moment dans cette ville, où il alla quelque temps plus tard chercher un refuge, lorsque sa tête fut odieusement menacée.

Cet homme illustre, martyr de la Révolution dont il fut un des plus méritants auteurs, s'intéressait à toute espèce de progrès. Il aida avec bonheur les délégués du mètre dans leurs démarches faciles, et il les invita même à dîner dans la maison où il habitait.

L'infortuné était loin de se douter que cette circonstance serait la cause de sa perte, et que des sbires des terroristes se rappelleraient ce repas, lorsqu'il s'agirait de découvrir la retraite où il s'était caché.

Après avoir remercié Bailly, Delambre et Le Français allèrent au plus vite à Montjay.

Comme c'était un samedi, et que le curé de Montjay était un excellent patriote, qui avait prêté serment de fidélité à la nation, il fut décidé que les lettres seraient lues au prône le lendemain, de sorte que l'on exhorterait les habitants non seulement à se tenir tranquilles, mais même à prêter aide et assistance aux commissaires du gouvernement. Le brave curé n'était pas très fort en physique et en astronomie, cependant il se hasarda à expliquer à ses ouailles la nature des opérations dont les citoyens Delambre et Le Français son assistant avaient été chargés.

Ce beau zèle le perdit. En effet, les pauvres paysans et les paysannes, qui ne comprenaient rien du tout à ce que le curé leur débitait, s'imaginèrent qu'il ne parlait si longtemps que parce qu'on l'y avait contraint, et qu'il y avait là-dessous quelque piège. En somme, ils sortirent de l'église beaucoup plus mal disposés pour les astronomes que lorsqu'ils y étaient entrés.

Il y avait dans le pays des ennemis du *prêtre-*

jureur qui ne trouvèrent rien mieux que de raconter ce qui se passait en le dénaturant aux gens des pays voisins, notamment à ceux de Lagny, qui avaient dans la contrée une réputation de violence assez méritée.

Il se forma donc une ligue entre plusieurs communes pour s'opposer à l'érection du pylône qu'on voulait ériger malgré les habitants.

Mais comme ces intrigues se tramaient dans l'ombre, les astronomes passèrent la journée du dimanche à faire leurs préparatifs pour que les travaux commençassent dès le lendemain matin.

Afin de donner du cœur au ventre au charpentier et de l'appuyer au besoin, Delambre et Le Français se tenaient auprès de lui lorsqu'il arriva sur le chantier. Mais à peine cet homme avait-il remué la première pièce de bois, que le rassemblement qui s'était formé dès l'arrivée de la voiture devint menaçant. Aux premiers mots que prononça Delambre, on répondit par des huées. Les femmes étaient plus acharnées que les hommes, et les gamins commençaient à s'écarter pour lancer des pierres.

Delambre crut prudent de battre en retraite; il donna ordre au charpentier de remettre ses pièces de bois sur sa charrette, ce qui fut fait aux applaudissements ironiques de la foule. Il se retira avec son aide de camp, poursuivi par des malédictions et des quolibets.

L'astronome aurait peut-être essayé plus longtemps de faire tête à l'orage s'il n'avait jeté son dévolu sur le château de Belassize, où il avait été si bien reçu, et qui pouvait remplacer peut-être avec avantage la station de Montjay. En effet, ainsi que nous l'avons rapporté, l'habitation était peinte à neuf, de couleur blanche; toutes les proportions étaient géométriques, régulières, en un mot elle avait toutes les qualités nécessaires pour l'exécution de visées parfaitement exactes, telles que Delambre, qui était la précision incarnée, les rêvait.

Les aimables habitants de Belassize appartenaient, sinon à la noblesse, du moins à la riche bourgeoisie qui se sentait menacée et qui n'assistait pas sans de graves appréhensions à la chute de la royauté. Louis XVI et Marie-Antoinette n'avaient pas sous ce toit hospitalier de chauds défenseurs, mais il y avait des cœurs qui s'apitoyaient sur leurs maux et de beaux yeux qui versaient des larmes sur le sort auquel il paraissait déjà difficile que la famille royale pût échapper.

On reçut donc avec affabilité les voyageurs, mais avec un certain degré de tristesse, et quand les jeunes filles de la maison surent que Le Français avait été à Paris, elles se firent raconter à plusieurs reprises tout ce qu'il avait vu.

Le jeune homme satisfaisait de son mieux cette curiosité passionnée, tout en aidant son chef, et déjà plusieurs visées avaient été prises avec succès, lorsque Delambre aperçut deux paysans qui s'étaient arrêtés en observation eux aussi sur la route. Ces deux personnages lui parurent suspects, et il dit à

Le Français qu'il serait prudent de ne plus se montrer aux fenêtres pendant quelque temps. Malheureusement, il était trop tard pour se cacher !

Ces deux personnages étaient les éclaireurs d'une bande qui battait le pays pour savoir ce qu'étaient devenus les deux hommes à la lunette, et pour leur faire un mauvais parti s'ils n'avaient pas décampé définitivement.

Les deux espions allèrent bien vite rapporter à leurs camarades que les deux suspects s'étaient retirés chez les aristocrates de Belassize, où ils continuaient en secret leurs coupables opérations.

Vingt minutes plus tard, les environs du château étaient envahis par cent vingt hommes de tout âge, de toute taille, portant des mousquets et un drapeau tricolore. Ils étaient placés sous le commandement d'un grand gaillard, gros en proportion, ayant des sabots, une blouse, un bonnet rouge, et ceint d'une écharpe autour des reins.

Tout ce monde marchait en désordre, criant, hurlant, tempêtant. Bien avant l'invasion, les habitants de la maison avaient appris par un bruit sinistre qu'un grand danger les menaçait.

Delambre n'eut pas de mal à deviner que c'était à lui et à son adjoint qu'on en voulait. Au lieu de laisser aux assaillants le temps de faire ouvrir la porte au nom de la loi, il l'ouvrit lui-même, espérant encore qu'il serait possible de calmer ces furieux à l'aide de quelques paroles bien senties. Mais il avait à peine ouvert la bouche qu'il fut appréhendé au corps par le chef de la troupe, qui lui dit brutalement : « J'en ai assez des blagueurs. » Comme Le Français avait pris le temps d'échanger un regard d'adieu avec les dames de Belassize, qu'il craignait avant tout de compromettre, il suivait le prisonnier d'un air tout à fait résigné ; on ne s'assura pas de sa personne ; mais on lui glissa délicatement dans le tuyau de l'oreille « qu'au premier mouvement qu'il ferait pour tâcher de s'enfuir, il serait nettoyé ».

Grâce à la précipitation avec laquelle Delambre avait été au-devant de ses persécuteurs, les habitants de Belassize n'avaient pas eu les désagréments et les dangers d'une visite domiciliaire, et les instruments que les astronomes laissaient en arrière se trouvaient pour le moment à l'abri de ces Vandales. Mais le ciel ne veillait pas sur les destinées de ceux dont la profession était de pénétrer ses mystérieuses lois. A peine avaient-ils quitté le château, que les nuages qui s'étaient amoncelés pendant ces incidents crevaient ; un orage épouvantable éclatait.

Les citoyens gardes nationaux n'en étaient que plus acharnés à veiller sur leurs prises, qu'ils entraînaient vers le village de Lagny, où l'on n'arriva que très tard. Les deux astronomes étaient harassés de fatigue, affamés, car on les avait arrêtés au moment où ils allaient se mettre à table avec les aimables hôtes du château ; par-dessus le marché, ils étaient trempés jusqu'aux os, couverts de boue et très médiocrement rassurés sur le sort qui leur était réservé.

Heureusement, sur la place de la commune de Lagny se trouvait une auberge étroite, noire, sale et remplie de puces, à la porte de laquelle se balançait l'enseigne de l'Ours.

On accorda aux astronomes l'autorisation d'y demeurer, à condition qu'ils payeraient la journée et les vivres des deux sentinelles qui veilleraient sur eux.

L'eau du ciel et quelques verres de vin adroitement proposés finirent par calmer un peu la colère de ces farouches ennemis de l'astronomie.

Après avoir vidé ensuite quelques chopines au nom de la nation, le capitaine s'amadoua jusqu'à permettre à Le Français d'aller à Meaux pour faire timbrer ses papiers.

CHAPITRE VII

Le lendemain, Le Français revint avec une carriole dans laquelle se trouvaient les objets qu'il n'avait pas manqué d'aller prendre à Belassize. Les charmantes châtelaines avaient oublié de trembler sur leur sort pour se préoccuper de celui de leurs hôtes, et elles reçurent Le Français avec cette cordialité affectueuse qu'on ne retrouve que dans les époques de danger public et qui est une compensation de bien des souffrances. On ne le laissa partir qu'après lui avoir fait promettre de revenir le plus tôt qu'il le pourrait. Peut-être sans la guillotine le petit roman que l'astronomie avait esquissé aurait-il fait descendre un petit coin de ciel bleu sur la terre?

Avant l'arrivée de la singulière bande de patriotes qui avait troublé ses opérations, Delambre avait trouvé moyen de viser Saint-Martin du Tertre avec précision, et ses persécuteurs avaient oublié de saisir le précieux carnet où ses nombres avaient été enregistrés. Il fallait qu'il allât à Saint-Martin du Tertre pour y viser Belassize et vérifier ainsi la mesure qu'il était parvenu à arracher littéralement au péril de sa vie. En effet, une lecture isolée ne saurait avancer en rien le travail de la mesure d'une méridienne. On n'en tire quelque chose qu'à l'aide de mesures prises réciproquement de toutes les stations que l'on peut apercevoir les unes des autres. C'est dans ce feu croisé d'angles observés ou calculés que les géomètres trouvent leurs vérifications. C'est par la concordance de tous les chiffres donnés par les tables de Callet, ou par les instruments, qu'ils parviennent à une précision satisfaisante.

Mais comme Saint-Martin était en dehors des limites de l'arrondissement de Meaux, Delambre comprit bien vite qu'il n'avait en main que des chiffons de papier sans aucune valeur pour les autorités de ce village; il fallait des démarches et des pourparlers qui n'en finissaient pas pour traverser le moindre hameau dépendant légalement de l'administrateur qui avait signé ses permis; qu'allait-il arriver hors des limites de sa juridiction?

Delambre savait bien que s'il allait à Paris chercher de nouveaux passeports revêtus de la signature de Roland, ce sage ami du progrès, on ferait de grandes difficultés pour les lui délivrer. En effet, en ce moment terrible, la France n'avait pas, en quelque sorte, de gouvernement. Les élections de la Convention nationale se préparaient sous l'impulsion fébrile de la Commune révolutionnaire qui s'était installée sans mandat à l'Hôtel de Ville, et qui expédiait des émissaires dans tous les départements, avec l'ordre de provoquer des massacres de prisonniers partout où faire se pourrait.

La seule institution debout était l'Assemblée législative, qui centralisait tous les pouvoirs légaux et continuait sa séance permanente du 10 août en attendant que la Convention nationale vînt la remplacer.

Le ministre de l'intérieur aurait certainement exigé que Delambre attendît des temps plus calmes pour continuer sa mission. Mais l'audacieux et tenace astronome se serait senti humilié dans son amour-propre d'académicien et de savant si la grande entreprise dont il était chargé avait dû être interrompue pendant ces orages. Il devinait bien que les Marat et les Hébert ne la laisseraient jamais reprendre s'il avait la faiblesse de revenir à Paris, sous prétexte d'attendre la fin d'une crise dont personne ne pouvait prévoir la durée. La mesure du mètre aurait été plus compromise par sa pusillanimité que s'il était tombé victime de son dévouement à la patrie et à la philosophie.

Afin d'éviter des représentations auxquelles il n'aurait pu se dispenser de céder, il se décida à rester en campagne et envoya de nouveau Le Fran-

çais à Paris pour en rapporter les passeports dont
il avait besoin.

Lalande, qui était un audacieux, aimait lui-
même l'audace, et il fit serment qu'il aurait de nouveaux papiers. Il remit une seconde fois son bonnet
rouge sur la tête, et il accompagna le jeune Le Français au ministère et à l'Hôtel de Ville.

Cette cohue débraillée qui avait envahi le vé-
nérable monument, et qui y tenait ses assises
tumultueuses, n'avait point encore eu le temps
d'éplucher tous les fonctionnaires qu'elle employait
et qui mettaient un peu d'ordre au milieu de ce
dévergondage de paroles, d'actes et d'idées. Il y
avait encore quelques-uns des hommes modestes et
savants que Bailly avait introduits dans la haute
administration municipale à l'aurore de la Révolution, lorsqu'il était encore maire de Paris et qu'il
écrasait le drapeau rouge dans le sang des conspi-
rateurs du Champ de Mars. Un vieux secrétaire
s'empressa donc de rédiger un arrêté qu'il fit signer
par le procureur syndic. Cette pièce était très longue
et précédée de verbeux considérants destinés à dé-
router le président du district et à éclairer les autorités locales sur l'importance des services que la
détermination du mètre était appelée à rendre à la
gloire de la France et à l'humanité. On poussa même
la précaution, afin de donner plus de solennité à la
recommandation, jusqu'à faire autant d'expéditions de
l'arrêté qu'il y avait de communes à traverser. Chacune de ces missives fut, de plus, cachetée, revêtue

de l'adresse du maire auquel elle était destinée et scellée soigneusement.

Une fois muni de ce talisman patriotique et administratif, Le Français partit pour Saint-Denis, où Delambre lui avait donné rendez-vous. Il ne sortit pas de Paris sans avoir à subir un nouvel interrogatoire en règle aux barrières. Les plus acharnés étaient des personnages qui déguisaient leur passé suspect sous un zèle bruyant. Les plus intraitables étaient ceux qui avaient à faire oublier leurs rapports soit avec Capet, soit avec les moindres valets de la cour. Ceux-ci étaient positivement inexorables.

Le Français ne mit que trois jours à s'acquitter de sa mission et à rejoindre son chef, qui était loin de s'attendre à ce qu'il triompherait si facilement des obstacles de tout genre qu'il prévoyait. Car les nouvelles qu'il avait reçues de Paris, et ce qu'il avait vu pendant la courte absence de son adjoint, lui donnaient une bien triste idée du bon sens des Français, et des chances qu'il avait de venir à bout de la grande entreprise à laquelle il était attaché.

Aussitôt que Delambre, dont la confiance avait été un peu ébranlée par le spectacle de l'exaltation farouche d'une foule ignorante, fut en possession d'un tel luxe de documents émanés de ceux mêmes qui avaient pris l'initiative de la Révolution, il chargea ses instruments et ses bagages sur ses voitures, et dirigea la petite caravane sur Saint-Martin du Tertre, où il se flattait d'arriver cette fois sans encombre.

Mais Saint-Denis était, de toutes les communes des environs de Paris, celle qui possédait le plus grand nombre d'exaltés. Il y avait déjà des *patriotes* qui trouvaient que le district n'était point une administration suffisamment révolutionnaire. Le projet de changer le nom de la ville en celui de Franciade et d'effectuer une descente dans les caveaux des rois germait dans bien des têtes.

Cette immense agitation débordait sur toutes les communes voisines de ce centre d'effervescence. A peine était-on arrivé à Épinay-lez-Saint-Denis qu'une patrouille d'hommes armés qui appartenaient à la garde nationale demandaient les papiers, et il fallait bon gré, mal gré, commencer l'exhibition des pièces que l'on possédait.

L'effet fut tout autre que celui qu'en attendait Delambre; le commandant de cette bande, encore plus bruyante et dépenaillée que celle des gens de Lagny, avait malheureusement des prétentions à la science. C'était un clerc échappé de quelque étude d'huissier, où il avait connu le trop fameux Maillard; il demanda d'un ton pédant qu'on lui expliquât l'usage des objets qu'il voyait.

Mais comme la lunette du théodolite était à tirage, et que ce grand citoyen était trop maladroit et trop ignorant pour mettre l'instrument au point, il ne put rien voir et déclara qu'on abusait de sa patience en déclarant que ce tube pouvait être employé dans des observations.

Vainement Delambre prit à témoin les gardes.

Ceux-ci étaient en ce moment trop fiers de leur capitaine pour apercevoir quelque chose lorsque celui-ci affirmait n'avoir rien vu. La plupart refusèrent brutalement d'essayer ; ceux qui daignèrent faire l'expérience mirent l'oculaire par-dessus leur paupière close et déclarèrent que, dans ce tube, tout était noir comme dans un four.

L'astronome comprenait bien que la position commençait à devenir sérieuse ; afin de regagner un peu le terrain perdu, il commença un cours de géodésie transcendante. Il crut bien faire en commençant par rappeler que la terre est ronde, mais il fut interrompu par le capitaine, qui lui dit brusquement :

« Je me f... que la terre soit plate ou ronde, pourvu que le blé y pousse et qu'il ne s'y trouve plus de fainéants pour manger celui qu'ont semé les travailleurs. »

Delambre répliqua vivement que « c'était grâce à la connaissance de l'astronomie que les hommes sont parvenus à comprendre l'enchaînement des saisons et par conséquent à semer leur blé en temps utile, que c'était une branche de la même science qui permettait de diriger les navires sur mer, et de déterminer la situation des héritages... »

Comme la doctrine de Babeuf était à peu près inconnue au commencement de la Révolution, ces paroles ne soulevèrent aucune protestation. Delambre s'apprêtait à profiter du silence qui s'était établi pour expliquer la méthode de la détermination de la distance de deux lieux inaccessibles, lorsque, en jetant les yeux autour de lui pour se rendre compte des dispositions morales de son auditoire, il aperçut deux arpenteurs portant leurs niveaux, leurs piquets, leurs chaînes, etc., etc. C'était une bonne fortune inespérée que de rencontrer ainsi deux confrères. Le poids de leur témoignage pouvait peut-être changer le cours des événements.

« Citoyens, s'écria l'astronome en les interpellant, vous qui exercez une autre branche de notre honorable profession, j'en appelle à votre loyauté ; je vous prends comme arbitres. Déclarez à ceux qui m'écoutent si mes explications vous paraissent satisfaisantes. »

A une époque ainsi agitée, les gens timides ne craignent rien tant que d'être mis en scène. Les deux arpenteurs n'étaient pas, du reste, très ferrés sur la pratique de leur art, qu'ils exerçaient plutôt comme un métier que comme une branche de la science. Après avoir échangé l'un avec l'autre un regard rapide, mais expressif, ils se contentèrent d'articuler quelques mots évasifs : « Nous n'avons jamais manié d'instruments semblables aux vôtres ; nous ne savons pas à quoi une nouvelle unité pourrait servir ; car nous faisons très bien nos opérations avec les règles que nous achetons à Paris chez Lenoir et qui sont divisées en pieds, pouces et lignes. »

Delambre était trahi, renié par ceux qu'il avait appelés à son aide. Il était traité par ses humbles

collègues à peu près comme le Christ l'avait été
par saint Pierre. Il n'y avait plus à lutter contre les
soupçons de la foule. Prolonger la séance, qui du-
rait depuis près de trois heures, eût été provoquer
une rixe dont les suites seraient certainement devenues tragiques.

Il fallut remonter dans les voitures de la mission
et retourner piteusement à Saint-Denis, au milieu
des baïonnettes peu sûres de la force armée. La triste
caravane était suivie par une foule tumultueuse qui
chantait le *Ça ira*.

En ce moment, la place du district était couverte
de monde; il s'y trouvait un grand nombre de recrues
qui partaient pour l'armée du Nord et qui étaient de
passage à Saint-Denis.

Les bruits de trahison n'étaient malheureusement
pas de vaines rumeurs sans consistance. Une multitude d'officiers de tous grades et de toutes armes
avaient abandonné les forces de terre et de mer de
la France pour aller prendre service dans les rangs
de l'armée ennemie, sous les ordres du prince de
Condé.

Avant la chute du trône, ce mouvement de déser-
tion avait commencé et, il faut bien le dire, entraîné
sinon légitimé bien des excès. Les jeunes citoyens
qui allaient verser leur sang pour la République
n'étaient pas tous des héros. Tous n'avaient point
obéi de gaieté de cœur au décret qui déclarait la
patrie en danger; les réquisitions et même les enrô-
lements dits volontaires avaient, en réalité, lancé

aux frontières un grand nombre de Français qui
n'auraient pas demandé mieux que de rester dans
leurs foyers, et les quittaient avec une singulière
irritation. Les plus braves, ceux qui avaient fait
le plus vaillamment le sacrifice de leur vie, ne
laissaient pas derrière eux sans les plus vives
appréhensions leur famille et leur fiancée expo-
sées aux complots des Chevaliers du poignard et
des Chouans.

La foule furieuse qui ramenait les astronomes
les avait arrêtés non comme astronomes, mais
comme aristocrates déguisés en astronomes et allant
rejoindre les Français scélérats qui portaient les
armes contre la patrie.

C'est sous cette qualification que leur capture fut
annoncée. Des clameurs terribles accueillirent leur
arrivée. En un clin d'œil la place du district offrit
le spectacle d'une agitation inouïe. Il était à peine
deux heures, et le soleil dardait ses rayons de feu
avec une intensité qui ne contribuait pas médiocrement à échauffer les cerveaux.

Des menaces de mort s'élevèrent de partout, et
c'est avec la plus grande peine que les prisonniers
purent sortir de leur voiture pour être introduits
dans la maison commune, aussitôt envahie par une
multitude dont l'exaltation fut à peine contenue par
la vue de la municipalité.

Dans ces jours où le canon d'alarme tonnait sur
les places des grandes villes, les autorités siégeaient
en quelque sorte en permanence et rendaient, séance

tenante, une multitude de décisions qui étaient exécutées sur-le-champ, si les citoyens ne s'y refusaient pas.

Le règne des lois n'était pas abrogé de fait, mais leur respect était singulièrement affaibli. On procédait aux élections qui devaient remplacer l'Assemblée nationale par la Convention.

Ministres et législateurs, administrateurs de tout rang n'avaient entre les mains qu'un pouvoir précaire frappé dans son essence par la chute de la royauté à laquelle ils avaient prêté serment.

Le président du district était un homme ferme, mais en même temps adroit, qui avait cultivé les sciences et connaissait beaucoup plus de mathématiques et de géographie qu'il n'en fallait pour comprendre les opérations dont le citoyen Delambre avait été chargé. Il avait formé le dessein bien arrêté de le soustraire au sort affreux qui **le** menaçait. Il eût donné sa vie pour épargner à la ville de Saint-Denis une tache analogue à celle qui pèse sur Montmartre depuis l'assassinat des généraux Lecomte et Clément Thomas. Mais il pensa que, pour réussir auprès de la foule furieuse qui remplissait la salle des séances, il fallait surtout gagner du temps. En pareille occurrence, c'est le seul moyen d'épargner du sang. Car le temps n'est pas seulement de l'argent, comme le disent les Anglais, c'est alors de la vie!

Prenant un air sévère, qui rassura médiocrement les prisonniers, il leur déclara qu'ils étaient prévenus d'émigration et qu'ils eussent à répondre aux questions qu'il allait leur poser, car il y allait de la tête si le moindre mensonge était constaté.

Après avoir fait prendre par le greffier leurs noms, prénoms, professions et domiciles, ce qui demanda quelque temps à cause de l'état fébrile de l'assistance, il procédait à l'interrogatoire de Delambre, lorsque de grandes clameurs s'élevèrent au dehors. La foule amassée sur la place demandait l'administrateur et les prisonniers. Il était impossible de savoir dans quel but, mais le plus probable était qu'elle perdait patience et qu'elle voulait procéder à une exécution sommaire.

Les cris étaient si nombreux, si violents, qu'il était indispensable de tenir compte d'un appel aussi énergique. Comme les escaliers étaient encombrés par une multitude de citoyens, il fallait quelque temps pour obéir aux furieux de l'extérieur.

« Laissez-moi passer le premier, dit à voix basse l'administrateur à Delambre, qui, venu seul pour sauver ses compagnons en détournant sur lui la colère de la foule, s'était précipité d'une façon imprudente. Cachez-vous dans ce cabinet, il y a à droite une porte qui donne sur un long couloir au bout duquel se trouve un escalier qui conduit dans une ruelle. Si je ne vous envoie pas chercher d'ici cinq minutes, filez vite, et à la grâce de Dieu... Je tâcherai de faire évader vos camarades pendant qu'on vous poursuivra... Sinon je les ferai écrouer à la maison d'arrêt, et on aura le temps de calmer tous ces insensés. »

Ces paroles furent dites d'un ton bref, rapide, impérieux et accompagnées d'un imperceptible serrement de main.

Le couloir où cette conversation émouvante avait lieu était si étroit, si obscur, que Delambre put suivre le conseil de l'administrateur sans être aperçu, excepté par le greffier, qui lança au fugitif ces mots rassurants : « C'est moi qui viendrai vous chercher... s'il faut vous sauver... Allez chez Dupuy par la ruelle en face, numéro 22... vous direz que vous attendez le citoyen François. »

Delambre se glissa dans la cachette et attendit avec impatience... ; mais avant que les cinq minutes se fussent écoulées, le greffier arrivait en lui disant : « Venez. »

Les immenses clameurs qui avaient si profondément alarmé l'administrateur du district, étaient produites par une découverte inattendue. On avait trouvé dans les caisses de la voiture la collection des lettres scellées et adressées aux différentes administrations municipales des communes que les astronomes allaient traverser.

En voyant cette énorme quantité de correspondances, le bruit s'était répandu immédiatement que l'on avait mis la main sur les preuves de la conspiration du faux astronome. On tenait des pièces prouvant qu'il allait organiser un soulèvement général de tous les aristocrates du Nord, afin de donner la main au duc de Brunswick et à l'armée du prince de Condé.

L'administrateur connaissait l'art de parler à une foule en délire; aussi, affectant une vive excitation, il prononça quelques mots énergiques, de nature à lui concilier la confiance populaire.

« J'amène devant vous le citoyen Delambre, vous allez vous-mêmes entendre ses déclarations, et s'il nous trompe, la lanterne n'est pas loin, nous pourrons en faire une justice éclatante ! »

Des bravos accueillirent ces paroles et furent rapidement suivies par des huées, lorsque le citoyen Delambre fit son apparition.

Le tumulte s'étant apaisé, l'administrateur demanda d'un ton sévère à l'astronome s'il reconnaissait les plis qu'on venait de saisir cachés dans les poches d'une de ses voitures.

Delambre se hâta de répondre :

« Ces plis n'ont jamais été cachés, ils étaient en dépôt pour être distribués dans toutes les communes où nous passerions.

— Vous le voyez, l'aristocrate avoue son crime, clamèrent une foule de voix... *à la lanterne, à la lanterne.*

— Je n'ai rien à cacher, et je ne cachais rien, reprit Delambre... Je suis membre de l'Académie des sciences.

— Académicien ! reprit la voix d'un abonné de l'*Ami du peuple*, petit homme sec tout blanc en habit râpé, sans perruque et sans poudre. Il faut qu'on les guillotine tous. Marat disait cela dans son dernier numéro... Voulez-vous que je vous le lise?....

— Taisez-vous! reprit vivement l'administrateur, vous n'avez pas la parole; elle appartient à ceux qui ont fait perquisition dans les bagages des prisonniers....

— Voyons, dit-il en s'adressant à l'officier qui commandait la garde nationale, vous qui avez assisté à la sortie, que demandez-vous? »

Le capitaine ainsi interpellé était un vieux grognard, type qui a toujours existé en France depuis Brennus et qui, il faut l'espérer, existera toujours dans notre valeureux pays. Il avait fait la guerre d'Amérique sous le marquis de Montcalm, et servi dans les gardes-françaises. Il allait prendre son congé lorsque arriva l'émeute du 14 juillet 1789, et il fut un des vainqueurs de la Bastille.

Il était bon patriote, détestait les aristocrates et avait applaudi à la capture de Capet. Il n'avait regretté qu'une chose, c'était de ne pas avoir été aux Tuileries pour faire le coup de feu avec les Suisses; mais il n'aimait pas les septembriseurs, et il était la terreur des enragés qui parlaient déjà de piller les tombeaux des rois.

Quoiqu'il eût quitté le service depuis la prise de la Bastille, il était à cheval sur la discipline militaire et il ne transigeait pas sur l'honneur du bataillon qu'il commandait. Il déclara donc qu'il demandait l'ouverture des lettres, à condition que le voyageur qui était chargé de les remettre serait admis à présenter ses explications.

Saisissant avec empressement la perche que lui

tend ce brave militaire, l'astronome s'empresse de déclarer qu'il ne voit aucun obstacle à cette vérification.

« Je comprends qu'on prenne des mesures de précaution en présence des dangers de la patrie. Non seulement je suis prêt à me soumettre au contrôle de mes assertions, mais je serais le premier à le provoquer... Sachez donc, citoyens, que je suis membre de l'Académie nationale des sciences.

— Un membre de l'Académie nationale des sciences! s'écria l'interrupteur de tout à l'heure... dites donc *royale*, il faut le pendre... c'est un aristocrate... Tenez, citoyens, voici ce qu'en dit l'*Ami du peuple* dans son dernier numéro... » Puis, montant sur une borne, il se mit à donner lecture de la diatribe qu'on n'avait pas voulu écouter et qu'il tenait à faire avaler.

Mais le capitaine de la garde nationale, que ce manège impatientait visiblement, s'avança vers ce fanatique et, d'un revers de main, le fit descendre de la pierre où il s'était juché.

Il y eut alors une recrudescence dans le tumulte; mais, après quelques minutes de désordre, un peu de calme se rétablit. Un groupe de citoyens soupçonneux au milieu desquels se trouvait un teinturier qui avait les mains jaunes jusqu'au coude, se mirent à crier de toutes leurs forces en demandant la lecture des lettres, craignant que, dans la bagarre, on n'oubliât précisément ce qui l'avait occasionnée.

Delambre, qui était naturellement sûr de lui,

n'avait en aucune façon l'intention de se soustraire
à l'obligation qu'il avait contractée avec tant d'empressement. Il prit donc lui-même une des lettres
qu'on avait apportées au milieu du rassemblement,
il en rompit le cachet et la remit au farouche teinturier aux gants jaunes.

Ce citoyen était, ce que Delambre avait méchamment deviné, complètement illettré. Il avoua donc en
baissant la tête qu'il était hors d'état de s'acquitter de
la mission qu'on voulait lui confier. Il passa lui-même
la lettre à un de ses camarades, et il rentra dans les
rangs de la foule, teint en rouge jusqu'aux oreilles,
exaspéré des quolibets que les gardes nationaux faisaient pleuvoir sur lui.

Le lecteur désigné par ce jacobin aux gants jaunes
était un clerc de procureur, vif, alerte, bien découplé,
et qui, quoique obéissant à l'exaltation naturelle à son
âge et à sa situation de volontaire de la République,
était incapable de se laisser aller à une vilaine ou criminelle action. Chez lui, la tête était légère, mais le
cœur était bon et plein de dévouement à la République
et à la patrie. Son intelligence n'était pas troublée par
les fougueuses et furibondes déclamations qu'il entendait. Il était un des gamins de Paris qui avaient entendu Camille Desmoulins donner le signal de l'insurrection dans le jardin du Palais-Royal. Il avait
reçu une branche d'arbuste de la main de l'époux
de Lucile, et si les feuilles en étaient flétries, son
admiration pour le hardi pamphlétaire et ses amis
politiques ne l'était pas.

La voix de ce brave jeune homme n'était pas très forte, mais elle était claire, distincte et sympathique. La foule qui entourait les principaux acteurs de cette scène écoutait avec une attention religieuse. Un silence absolu avait promptement succédé à toutes les vociférations.

Comme nous l'avons raconté, le rédacteur de l'arrêté pris en faveur de Delambre avait cru agir avec intelligence en ajoutant aux considérants quelques détails techniques abstraits. Il s'était évertué à faire comprendre aux autorités locales qui devaient admirer sa prose, la haute importance de l'opération qu'ils étaient chargés de protéger. Comment aurait-il pu prévoir que ces pièces si laborieusement préparées allaient être lues sur la place publique et que les auditeurs qui en auraient l'étrenne seraient des conscrits et des paysans tellement étrangers aux choses de la science, qu'aucun ne saisirait le sens de la plus claire des phrases qu'il était fier d'avoir trouvées? Les mots qui frappaient l'oreille de ces braves volontaires, si légitimement préoccupés du sort de leurs familles et de leurs amis et des dangers qu'ils allaient être appelés à courir, étaient vides de sens. Ils se défiaient instinctivement de tout ce verbiage, qui semblait cacher des desseins liberticides.

Quand le lecteur s'arrêta, personne ne savait ce dont il s'agissait. De toutes parts on cria de passer à un autre message.

Le jeune homme qui se trouvait investi de la confiance de la foule n'était pas médiocrement flatté de l'espèce d'importance que le hasard lui avait donnée, et ne se fit pas prier.

Il saisit une lettre, en rompit le cachet et commença la lecture en forçant sa voix. Mais dès qu'il fut arrivé à la ligne où l'on entamait la longue litanie à la louange de la Commission du mètre, il s'arrêta brusquement :

« Citoyens, dit-il, je vois que c'est la même chose que la première fois, laissons là cette lettre et ouvrons-en une autre.

— Non pas, non pas, cria le maratiste, enchanté de trouver une occasion de se venger ; je ne veux pas qu'on vous vole au moins cette fois.

— Lisez, lisez tout, lisez tout, cria-t-on de toutes parts, n'omettez rien…. pas de trahison ! »

Il fallut obéir, et le clerc d'huissier alla malgré lui jusqu'au bout du document. Quand il l'eut fini, il fallut le remplacer par un troisième.

Chaque fois qu'il s'arrêtait après avoir lu la signature, la même comédie recommençait. Mais en prenant la sixième lettre, la victime de cette tyrannie de la foule essaya sérieusement de se révolter :

« Voilà vingt minutes que cette opération dure, et nous n'avons encore fait que cinq lettres, il y en a bien cinquante. Voulez-vous m'entendre rabâcher toujours la même chose pendant quatre heures. Commencez par me payer une chopine, citoyens…. »

Cette saillie fit rire la plupart de ceux qui purent l'entendre, mais les nouveaux venus placés hors de portée de la voix ne saisirent qu'une chose : c'est que le lecteur voulait s'arrêter.

« C'est un aristocrate qui nous trahit ! » s'écrièrent quelques paysans, et de nouvelles rumeurs s'élevèrent grandissantes et déjà menaçantes. Le pauvre clerc d'huissier était devenu presque aussi suspect que l'astronome lui-même !

Delambre avait pris assez d'expérience des tumultes populaires, pour comprendre l'imminence du danger et la nécessité de calmer l'agitation par quelque acte d'énergie.

Il s'avance brusquement au milieu de la foule, et, montant sur un banc :

« Citoyens, dit-il, je jure sur ma tête que toutes les lettres qui ont été saisies dans ma voiture sont pareilles à celle dont vous avez entendu la lecture....

— Nous n'avons rien entendu du tout, » répliquèrent quelques voix furibondes.

Delambre ne commit pas la faute de répondre ; il continua en grossissant la voix et en accentuant les gestes :

« Choisissez une lettre au hasard ; si elle n'est pas rigoureusement identique, je consens à ce que l'on m'accroche à la plus prochaine lanterne... Vive la garde nationale de Saint-Denis ! »

Il y a toujours dans la masse un fond de bon sens qui sauve, lorsqu'on peut se faire entendre. Cette proposition fort raisonnable fut acceptée d'acclamation.

Le clerc d'huissier, qui était désormais tout dévoué à l'astronome, étendit machinalement la main pour

choisir la lettre qui devait servir de pierre de touche
à la véracité de Delambre.

« Pas celle-là, elle m'est suspecte! » s'écria un
fanatique. Et détournant brusquement la main du
jeune volontaire : « Si vous le voulez, citoyen, c'est
moi qui vais prendre la lettre.

— Oui... oui, c'est lui seul qui a notre confiance,
c'est un b...; c'est cela, bravo!... »

Et les applaudissements éclatèrent lorsqu'il tendit
au clerc d'huissier le document dont il venait de
s'emparer... Mais au moment où le jeune homme
toussait déjà pour s'éclaircir la voix, ce désagréable
et dangereux personnage se ravisa.

« C'est moi qui vais lire moi-même..., comme cela
on ne vous mettra pas dedans. On ne saurait prendre
trop de précautions par le temps de trahison où nous
vivons.... Hier on m'a appris qu'on avait découvert
un complot pour enlever M. et Mme Capet de la tour
du Temple!... »

Quelque temps s'écoula avant que les rumeurs
excitées par cette annonce aussi mensongère qu'extraordinaire se fussent calmées. Alors cet audacieux
perturbateur essaya de tenir sa promesse, et il commença solennellement par lire le mot de *citoyen* qui
était écrit en gros et en vedette au milieu de la première page.

Malheureusement ce *patriote* avait présumé de
ses talents. Quoiqu'il pût déchiffrer l'imprimé avec
une grande facilité, il n'était pas de même force pour
l'écriture, fût-elle calligraphiée.

Il tâtonnait, hésitait tellement que la masse des citoyens qui l'écoutaient avidement comme un oracle, s'impatientait et réclamait qu'on eût recours au précédent lecteur.

Celui-ci ne se le fit pas dire deux fois. Il arracha avec une brutalité affectée la pièce qu'on était parvenu à lui enlever, mais dont on ne savait se servir.

Cette restauration un peu imprévue semblait décider du sort de Delambre. L'astronome croyait la partie gagnée, mais il comptait sans la curiosité publique. Les citoyens qui avaient sous les yeux le théodolite et les lunettes n'étaient pas fâchés de savoir à quoi pouvaient servir des instruments de forme si peu ordinaire.

Delambre se vit donc obligé à son corps défendant de donner une nouvelle édition des conférences d'Épinay, tâche fastidieuse et ingrate qu'il savait par expérience ne pas devoir tarder à devenir dangereuse.

En effet, la foule devenait de plus en plus compacte et de moins en moins bienveillante. Les premiers rangs voyaient et entendaient; sans comprendre, ceux qui venaient après entendaient encore, mais ne voyaient plus rien; ils comprenaient moins que les premiers si cela était possible. Les derniers rangs, qui n'entendaient ni ne voyaient, étaient beaucoup plus difficiles à maintenir. Les commentaires les plus bizarres y circulaient. Beaucoup s'imaginaient qu'on avait saisi une machine infernale et croyaient qu'on fouillait les prisonniers pour savoir s'ils n'étaient pas porteurs de quelques armes cachées.

Afin de gagner la sympathie des voisins, Delambre eut la malencontreuse idée de montrer à quelques-uns des spectateurs à quoi servent les lunettes. Mais il s'adressa naturellement aux plus criards, qui, comme toujours, se trouvèrent être les plus inintelligents.

Un d'eux était myope, complètement incapable de mettre le tirage au point et de suivre les avis bien simples que l'astronome lui donnait pour en venir à bout. Il n'apercevait qu'un brouillard informe au lieu du spectacle merveilleux qu'on lui avait annoncé.

Il rejeta donc l'instrument avec tant de mauvaise humeur qu'il faillit casser les verres.

Delambre, qui avait appris à ses dépens la nécessité de se montrer patient, ramassa le tube sans mot dire et le passa à un autre. Mais ce fut bien pis avec celui-là, car son opinion était faite. Il s'écria qu'il n'y avait rien de vrai dans les assertions de l'astronome, et qu'il n'était pas assez niais pour employer son œil à boucher un trou. D'où nouveau tumulte et nouvelles clameurs.

Pendant toutes ces scènes, le jour baissait de plus en plus. Il n'y avait pas moyen de songer à de nouvelles expériences pour diminuer le déplorable effet de celles qui avaient si mal réussi. Delambre commençait visiblement à se troubler. La fatigue, le dépit, l'inquiétude lui donnaient les allures d'un coupable. Les cris *à la lanterne! à la lanterne!* retentissaient d'une façon de plus en plus désagréable.

Heureusement l'administrateur du district avait eu la prudence de garder le silence. Il était resté sur la réserve, ne se permettant ni une parole ni un geste qui pût faire croire qu'il s'entendait avec l'accusé d'émigration et d'espionnage , dont les explications échouaient d'une façon aussi déplorable. Comprenant que le moment d'agir avec décision et énergie était arrivé, il fit quelques pas en avant, et, montant à son tour sur le banc qui servait de tribune : « Citoyens, dit-il, il est temps de terminer une séance qui n'a que trop duré... Arrêtons l'enquête. »

Cette annonce inattendue souleva immédiatement les rumeurs que prévoyait très bien un homme habitué aux allures de la foule comme un dompteur peut l'être à celles de ses tigres et de ses lions.

Sans attendre que ce mécontentement qui grossissait eût couvert sa voix, il s'écria avec une force étonnante : « Je ne veux pas que les coupables puissent croire qu'ils vont lasser notre vigilance ! »

Le murmure s'arrèta comme par enchantement. Neptune n'aurait pas mieux réussi avec son *Quos ego.* L'administrateur continua d'une voix plus mesurée : « Nous allons mettre les objets sous scellés et les porteurs en arrestation provisoire. Ils passeront la nuit au poste, demain on s'expliquera au jour. Commençons par rentrer au district avec le principal inculpé, afin de lui faire signer le procès-verbal de saisie! »

Un tonnerre d'applaudissements accueillit ces paroles, et les principaux personnages qui avaient figuré dans cette scène disparurent dans le monument qui a longtemps servi de sous-préfecture.

La foule ne tarda pas à se disperser, complètement rassurée par cet acte de vigueur; elle se répandit dans les maisons, colportant partout le bruit de l'arrestation d'agents de l'armée de Condé avec des armes extraordinaires, des machines infernales, et des moyens nouveaux pour se mettre en communication avec Pitt et Cobourg.

CHAPITRE VIII

Delambre reste en liberté. — Le Français retourne à Paris. —
Lalande à l'Assemblée nationale. — Le décret de Lacépède.
— Fin de la campague de 1792.

Nous n'avons pas besoin de raconter en détail ce
qui se passa dans l'intérieur du district, pour que
nos lecteurs se représentent cette scène, désormais
comique.

Le procès-verbal fut signé avec une rapidité
qui fit froncer le sourcil au maratiste. Ce grand
citoyen était naturellement entré un des premiers
sur les talons de l'astronome. Se croyant encore
maître du terrain, il ne tarda pas à émettre un doute
sur le civisme des autorités locales. L'administrateur, qui le guettait, le saisit vivement à la gorge.

Avant qu'il ait pu protester, il était enlevé par les
appariteurs et déposé élégamment à la porte, où
quelques énergumènes l'attendaient. Mais, comprenant que son haut mérite courait risque de trouver
un mauvais accueil, il crut prudent de se borner à
entrer dans un cabaret, où, entouré de quelques-uns
de ses acolytes, il écrivit à Marat un récit enflammé

des trahisons commises à Saint-Denis pendant cette journée funeste.

Dans quel fiel n'aurait-il pas trempé sa plume s'il avait pu se douter que l'arrestation n'avait été qu'une frime; qu'au lieu de passer la nuit au poste, l'astronome avait été prié à dîner par l'administrateur, qu'il avait été convenu qu'il logerait chez le secrétaire, et qu'il ne se montrerait point aux fenêtres ou qu'il ne chercherait point à sortir jusqu'à ce qu'on eût obtenu un décret de l'Assemblée nationale. En effet, au grand désespoir des anarchistes, cette assemblée maudite continuait sa séance permanente du 10 août; si elle ne pouvait faire beaucoup de bien, elle avait la puissance d'empêcher beaucoup de mal, car on avait recours à elle pour toutes les matières urgentes d'une certaine importance. La nécessité de la consulter paralysait bien des scélérats, qui n'osaient présenter à sa barre les atrocités qu'ils avaient rêvées.

Le Français fut expédié de nouveau de grand matin et à pied pour ne pas attirer l'attention des agités, qui n'avaient pas oublié les scènes de la veille.

Son oncle Lalande le vit revenir avec plaisir, mais ce ne fut pas sans froncer le sourcil qu'il se décida à le conduire au secrétariat de l'Assemblée. Il ne lui paraissait pas du tout raisonnable de continuer une entreprise contrecarrée par des incidents si terribles; mais il n'osait résister à l'ardeur dont le jeune élève de Delambre faisait preuve.

Lalande et son neveu furent introduits au comité

de l'Instruction publique, dont le personnage le plus influent était Lacépède, le continuateur de Buffon, orateur élégant et disert plus qu'il n'était éloquent, mais dévoué aux intérêts scientifiques de la France.

Lacépède était désespéré de la crise violente dans laquelle la nation se trouvait plongée par l'obstination des émigrés et des prêtres réfractaires aussi bien que par l'incurable ambition d'une coterie démagogique. Il appartenait en effet à la majorité d'une assemblée contre laquelle le 10 août avait été fait aussi bien que contre Louis XVI. Il ne cacha pas à Lalande qu'il croyait l'opération fort dangereuse; cependant il lui promit de provoquer sur-le-champ le décret qu'il demandait, et il lui déclara que la nuit ne se passerait pas sans que l'acte fût signé.

La permanence de la séance du 10 août n'était en réalité qu'une fiction légale destinée à rassurer un peu les populations alarmées par les exploits des massacreurs de la Commune, et à inspirer quelque retenue aux énergumènes dont le patriotisme consistait à mettre tout à feu et à sang. Il était vrai de dire que jamais la séance n'était levée : on se bornait de temps en temps à la suspendre. Mais il n'y avait souvent dans la salle qu'un nombre ridicule de députés, de sorte qu'une multitude de délibérations étaient prises par une poignée de législateurs. C'était ces moments d'abandon que l'on choisissait pour faire passer les mesures sur lesquelles les Jacobins n'auraient pas manqué de déchaîner la fureur des sectaires s'ils en avaient connu l'existence.

Lacépède, qui a toujours été fort timide, employa ce procédé pour obtenir, en faveur de la Commission du mètre, un décret que l'on se garda bien de mentionner dans le *Moniteur universel* et d'enregistrer dans le *Bulletin des Lois*.

Mais, si la fabrication de ce document avait été en quelque sorte clandestine, ni l'exposé des motifs ni l'ampliation ne gardaient la moindre trace de cette espèce de fraude. L'expédition était accompagnée d'un tel luxe de timbres et d'attestations de toute nature, que le municipal le plus soupçonneux ne pouvait émettre le moindre doute sur son authenticité.

Dès qu'il eut reçu cette pièce émanant de la haute autorité dans les mains de laquelle la souveraineté nationale se trouvait en dépôt, Delambre était sauvé. On le remit donc en liberté, avec une certaine solennité, et il reprit ouvertement le cours de ses opérations. Il était en campagne lorsque la Convention nationale fut nommée.

La constitution de l'assemblée qui devait jouer un si grand rôle dans nos annales révolutionnaires produisit une sorte de détente temporaire. On se lasse de tout, même de l'affolement.

La fin de la campagne de Delambre ne donna plus lieu à aucun incident dramatique digne d'être rapporté. Mais la belle saison avait été gaspillée en démarches superflues, inutiles. Les opérations que les hommes n'entravaient plus ne tardèrent point à être paralysées par les éléments.

Delambre fut obligé de revenir à Paris à la fin de 1792, pour prendre ses quartiers d'hiver.

Son retour n'était pas inutile au succès de sa mission, il était même rigoureusement indispensable. Ce n'est pas au moment où l'on vient d'opérer sur le terrain, et surtout sur un terrain bouleversé, que l'on trouve le calme et le repos d'esprit nécessaires pour effectuer les innombrables calculs indispensables à la combinaison des angles observés. Mais il fallait avoir à sa disposition une merveilleuse force d'abstraction pour se livrer à des travaux intellectuels au sein de Paris révolutionnaire, troublé à chaque instant par le tocsin, le rappel et les clameurs populaires.

En effet, la Commune du 10 août avait organisé l'agitation incessante, à l'aide de laquelle elle pesait sur la Convention nationale, qu'elle écrasait de tout le poids de son intransigeance. A peine l'assemblée nouvelle était-elle nommée, que la grande coalition de ces agitateurs de bas étage songeait aux moyens de la jeter dans la Seine et de la remplacer par une commission révolutionnaire, choisie dans la lie de la population.

CHAPITRE IX

La misère publique et privée était horrible, et rendue plus aiguë, plus terrible par la rigueur de l'hiver. La situation militaire était déplorable. Il n'était pas possible de deviner les sublimes élans de courage et de patriotisme que l'amour de la liberté allait inspirer aux citoyens, qui, sous les plis du drapeau tricolore percé par la mitraille, représentaient réellement la France de l'avenir.

L'Académie des sciences n'existait plus que de nom; les publications de la Compagnie avaient été interrompues et le payement des membres était suspendu.

Les savants étaient en butte aux déclamations des Marat, des Hébert, des sous-Marat et des sous-Hébert. On reprochait à tous le défaut de civisme de quelques-uns. On leur faisait un crime des retards apportés à la mesure du mètre, que l'on entravait de mille manières.

A mesure que le temps coulait du sanglant sablier de l'histoire, la puissance de la Gironde allait en diminuant.

Condorcet, qui avait été nommé membre de la Convention nationale, ne pouvait plus étendre sur la Commission du mètre sa protection autrefois toute-puissante. En effet, cet illustre ami du peuple était lui-même attaqué et obligé de lutter déjà pour défendre sa tête et celle de ses amis contre une faction encore plus sanguinaire qu'elle n'était ignorante.

Lavoisier, que ses antécédents politiques éloignaient fatalement de la vie publique et qui ne demandait qu'à servir la science, était admirable de zèle, mais il ne pouvait donner à la Commission du mètre que son expérience et son travail.

Ce grand homme se faisait une trop noble idée de la nature humaine lorsqu'elle est viciée et troublée par l'explosion de passions funestes. Il s'imaginait avec une naïveté héroïque qu'il obtiendrait grâce devant les ultras, en se consacrant au culte d'une réforme à laquelle ces furieux affectaient d'attacher tant de prix.

Il exécutait, non sans une certaine ostentation, dans le jardin de son hôtel, les travaux dont il avait été chargé par la Commission du mètre et qui n'étaient pas moins indispensables que la détermination des triangles, intermédiaires essentiels, mais non pas but final des opérations.

Quoique menacée elle-même comme son époux, car les terroristes avaient reconnu les *droits de son sexe à la guillotine*, la jeune et belle Mme Lavoisier s'était faite physicienne avec une grâce et un dévouement que l'histoire n'oubliera jamais. S'il est triste de voir le mètre attaqué par tant de faux amis du progrès, c'est une consolation que de le voir servi, défendu par une si charmante main.

La mesure d'un arc de méridienne ne consiste pas seulement dans la détermination des angles que l'on observe avec des cercles gradués et des lunettes placées aux différentes stations. La géométrie la plus savante ne peut dispenser d'une évaluation matérielle exécutée sur une base beaucoup moins longue, mais à l'aide d'une règle portée bout à bout. Il est donc indispensable de connaître avec rigueur la valeur numérique des changements que subissent les tiges employées pour ces superpositions, soit que la chaleur les dilate, soit que le froid les resserre.

C'est à ce genre de détermination que Lavoisier s'attachait d'une façon exclusive et passionnée; et il apportait à ces belles études la précision hors ligne qu'il avait mise dans tous les travaux scientifiques qui lui créent un rang à part dans la physique et la chimie modernes. Il fit même construire de solides bornes en fer, qui furent utilisées, après sa mort tragique, pour le dernier acte de ces longues opérations.

Sa maison n'avait pas cessé d'être aussi hospitalière que le permettaient la dureté des temps et la prudence dont personne ne pouvait raisonnablement se départir à une époque où l'on ne pouvait réunir quelques amis à sa table sans être exposé à être dénoncé comme un conspirateur, un aristocrate, un complice de l'armée de Condé.

Marat et Hébert veillaient avec une rage concentrée sur les démarches de leur ennemi, signalé comme suspect à la section de l'Arsenal. Des yeux prévenus lorsqu'ils n'étaient point hostiles étaient braqués sur les allées et venues des serviteurs de Lavoisier ou de ses visiteurs. On ne pouvait apporter aucun paquet sans que le fait fût longuement commenté. Les bruits insolites qui sortaient de la demeure étaient enregistrés et scrutés. On commençait le dossier fatal qui devait le conduire à la guillotine au commencement de l'année 1794.

En aucune façon cet illustre martyr ne semblait se préoccuper de la surveillance occulte dont il était l'objet. Il combinait ses appareils et raisonnait le détail de ses expériences avec une parfaite quiétude. Rien dans ses cahiers et dans ses mémoires ne trahit la moindre émotion, la plus légère appréhension d'un danger quelconque. Il agissait au moins en apparence comme s'il ne soupçonnait pas qu'un jour viendrait où l'on répondrait aux amis généreux qui voudraient l'arracher de la fatale charrette : « Mais la République n'a pas besoin de chimistes! »

Cette noble faculté de certaines âmes d'élite n'est-elle pas beaucoup plus honorable pour la nature humaine que les excès de certains tyranneaux de bas étage ne sont déshonorants?

Caton et Washington ne nous ont peut-être pas montré, comme l'ont écrit trop facilement certains publicistes, le plus haut degré de vertu auquel puisse s'élever un grand homme. N'y a-t-il pas encore quelque chose de plus beau, de plus moral dans l'impassibilité avec laquelle des sages s'obstinent à sonder les secrets de la nature au milieu des plus horribles tempêtes, celles que produit le déchaînement des passions humaines.?

Tous les membres de la Commission du mètre n'eurent pas la même résignation. Le spectacle de la popularité dont Marat jouissait et les débordements du *Père Duchêne* agirent douloureusement sur l'esprit du grand physicien que l'on nommait à si juste titre le vertueux Borda. Borda, l'âme de la Commission du mètre, qui n'aurait pu ni étalonner ses règles sans son comparateur, ni mesurer ses angles sans son cercle répétiteur, avait formé le projet d'émigrer, comme la plupart de ses camarades de la marine, qu'il lui répugnait d'abandonner!

S''il renonça à partager le sort de ses amis, ce fut à la sollicitation de Monge, ce grand esprit, ce noble cœur, qui souffrait de tous les excès qu'il ne pouvait empêcher, mais qui savait qu'au milieu de toutes ces horreurs on ne pouvait oublier la France; que c'était criminel de la laisser au milieu de ses épreuves, plus criminel encore de joindre ses efforts à ceux de l'étranger, et qu'il fallait avoir le patriotisme de porter sa tête sur l'échafaud comme d'autres laissaient leur dépouille mortelle sur les champs de bataille.

A force de prières et de supplications, Borda fut converti; il consentit à se laisser appeler traître par ses anciens compagnons d'armes plutôt que par ses compagnons de science, et lui, qui allait déserter, devint un des plus ardents. Dès que l'hiver se montra moins rigoureux, il fut un des commissaires qui engagèrent Delambre à demander les passeports dont il avait besoin pour terminer son travail.

Avant d'aller chercher les papiers à la Commune de Paris, Delambre se rendit chez Garat, qui avait remplacé Rolland au département de l'intérieur, et il lui demanda une lettre de recommandation pour les énergumènes qui étaient devenus les maîtres de Paris.

Garat n'avait pas une de ces âmes droites et vigoureuses qui puisent dans la haine du mal la force dont l'honnêteté a besoin. Il ne croyait pas qu'il fût possible et prudent de résister à la faction terroriste qui pesait sur la République. Il se contentait d'atténuer les défauts d'un système d'illégalité et de violence, non pas parce qu'il en était partisan, mais parce qu'il savait combien peu la raison avait de prise sur ces natures ambitieuses et vulgaires, et qu'il avait eu mainte occasion de voir combien ces gens ignorants étaient habiles à persécuter la science, dont ils invoquaient le nom comme Tartufe celui de Dieu. Mieux que personne il avait été à même de sonder la profondeur des blessures que l'orgueil de Marat, leur chef de file, avait reçues, et qui sont de la nature de ces plaies envenimées que le temps, au lieu de guérir, ne fait jamais que rendre plus cuisantes.

Garat crut donc agir en honnête homme et en bon citoyen en engageant Delambre à ne pas tenter une nouvelle expédition dans laquelle il ne pouvait se passer de l'appui de la Commune.

« Laissez éclater l'orage, disait le ministre, la République ne restera pas toujours dominée par des invidualités sans mandat. Un jour viendra où la Convention nationale ressaisira la souveraineté de fait qui lui échappe.

— Citoyen ministre, reprit Delambre, si nous interrompons nos travaux, ils ne seront jamais repris. La grande entreprise qui doit jeter quelque gloire sur l'époque terrible que nous traversons avortera. Si je suis arrêté par la violence brutale des Jacobins, si mon sang est versé par quelques assassins, mon trépas servira. L'éclat de ma mort attachera d'autres nobles esprits à continuer ma tâche. Avons-nous le droit de reculer en France devant des dangers que mon collègue Méchain affronte en Espagne? »

Garat se sentit touché d'une si noble attitude.

« Citoyen commissaire, s'écria-t-il, que votre destinée s'accomplisse! Vous êtes un noble cœur, et je veux faire pour vous tout ce que les difficultés de la situation extraordinaire où nous nous trouvons me permettra d'accomplir. »

Le ministre se mit donc à son bureau, et il écrivit de sa main une lettre longue, touchante, détaillée, destinée à Pache, qui venait d'être nommé maire de Paris. C'était la première fois qu'il s'adressait au cœur et au patriotisme de ce successeur du noble et infortuné Bailly, qu'il se décidait à faire l'épreuve de son éloquence sur un homme qu'il connaissait peu, mais contre lequel il avait des préventions instinctives qui devaient être, hélas! trop justifiées.

Pache était un homme sans caractère, sans éducation et sans intelligence. Il était tout à fait hors d'état de comprendre l'importance de l'entreprise que le ministre patronnait avec tant de chaleur. Le soin avec lequel Garat avait rédigé sa lettre ne réussit qu'à donner l'alarme à ce personnage à la fois timide et violent, ne craignant rien tant que d'alarmer les préjugés dits égalitaires d'une foule devenue aristocrate à sa manière, par trop grand amour du niveau. Aussi, dès qu'il eut parcouru les premières lignes, son front se rembrunit d'une façon singulière.

« Je serai toujours enchanté, dit-il d'un air embarrassé, de rendre service au citoyen Garat; mais ce que le ministre me demande est très grave, trop grave pour que je puisse prendre sur moi une responsabilité pareille... Je vais en référer au conseil général de la Commune, qui est en ce moment en séance. Si vous voulez attendre mon retour, citoyen

Delambre, je vous ferai connaître la décision qui sera prise à votre égard. »

Sans attendre une réponse, le citoyen maire de Paris disparut avec une agilité dont on n'aurait pas cru qu'un si grand homme fût capable, et il entra dans la salle où le conseil général de la Commune se tenait.

Le conseil général était formé de quatre délégués de chacune des quarante-huit sections parisiennes, qui de leur côté siégeaient pour ainsi dire en permanence. Il était donc uniquement composé d'agitateurs qui avaient à rendre compte à chaque instant de leurs actes et qui, constamment sous la coupe d'autres terroristes d'un étage encore plus bas, n'avaient en réalité qu'à obéir, sous prétexte de commander.

L'histoire n'a pas consacré le nom de ces grands hommes d'un jour, qui sont presque tous rentrés à la fin de la Terreur dans l'obscurité, dont aucun d'eux n'avait le moindre titre pour sortir, et qui ne s'étaient guère distingués que par le zèle bruyant dont ils faisaient étalage dans toute circonstance où le civisme pouvait être utilisé.

Il y en avait un petit nombre qui, affectant des dehors honnêtes, portaient des habits bleus à boutons d'or et des gilets à revers; c'étaient, il n'y a pas besoin de le dire, les soutiens de Robespierre, les agents dont le futur dictateur de la Montagne se servait pour faire prévaloir ses volontés. Quoique moins nombreux que leurs adversaires, ces citoyens tirés à quatre épingles tenaient en ce moment la corde. Le dégoût inspiré par les massacres de septembre avait nui au parti des terroristes purs, de ces fanatiques qui voulaient arracher les fleurs pour planter des pommes de terre aux Tuileries. Ceux-ci se reconnaissaient facilement à la carmagnole et au bonnet rouge dont ils étaient affublés, au débraillé de leur tenue, à leur langage grossier et au tutoiement qu'ils appliquaient dans toute sa rigueur.

« Tu es donc fou, citoyen Pache, dit un de ces énergumènes, de nous demander un passeport pour un aristocrate qui nous espionna pendant tout l'hiver et qui profitera de notre niaise confiance pour aller porter tout ce qu'il a appris à Pitt et Cobourg. »

Des rires bruyants accueillirent cette déclaration. Les membres de la faction robespierriste comprirent qu'il serait très maladroit de choisir ce moment pour faire l'apologie du système métrique et de la Commission chargée de l'établir.

Pache, qui s'était bien promis de n'avoir jamais une idée qui pût le compromettre, s'empressa de décliner la responsabilité de sa proposition.

« Citoyens, dit-il, je n'ai pas voulu prendre sur moi d'accorder la permission...

— Et tu as raison..., mais tu aurais pu te dispenser de nous faire perdre notre temps à discuter une semblable motion... »

Le terroriste allait continuer, lorsqu'un autre l'interrompit.

« Pas du tout, le citoyen Pache a bien fait, parce que je serais curieux de savoir quelle tête fera devant nous cet aristocrate de l'Académie des sciences. Nous n'avons point à voir tomber tous les jours un astronome dans notre puits. »

Des bravos accueillirent cette proposition fantaisiste, qui fut appuyée par le procureur syndic, et l'on donna l'ordre à un huissier d'introduire le pétitionnaire à la barre.

De toute l'assemblée, le personnage qui valait le mieux au point de vue moral et intellectuel était certainement l'huissier, qui appartenait au vieux personnel de l'Hôtel de Ville et avait gardé l'uniforme des anciens jours, par la même raison qui faisait que la Commune n'avait pas effacé les fleurs de lis qui décoraient encore le plafond de la salle des séances. Il prévint très poliment le citoyen Delambre, tâchant de lui faire comprendre qu'il y allait de sa tête, et pas seulement du succès de la demande qu'on avait formulée en son nom.

Quoique Delambre fût prêt à affronter tous les périls, il ne pouvait supposer que la lettre si chaude du citoyen Garat dût se transformer si rapidement en message de Bellérophon. Il comprit un peu tard, il est vrai, pourquoi le citoyen Garat s'était fait tirer l'oreille avant de lui accorder l'autorisation qu'il avait sollicitée d'aller chercher un passeport dans cette caverne de bourreaux, mais il résolut de faire contre mauvaise fortune bon cœur.

C'est donc d'un ton dégagé et presque allègre

qu'il expliqua aux membres du conseil général les motifs pour lesquels il voulait recommencer ses travaux sans perdre de temps.

Sa parole brève et claire lui concilia facilement la sympathie d'un certain nombre de membres. Malgré l'opposition des meneurs anarchistes, il aurait peut-être réussi s'il n'avait commis la maladresse de dire qu'en procédant à la mesure du mètre il s'efforçait de justifier le trop grand honneur qu'on lui avait fait en le nommant de l'Académie.

Marat, qui ne se rendait que rarement à la Commune, y était venu par hasard. Il était entré pendant la dernière partie du discours.

Delambre n'était point encore arrivé à la fin de sa phrase, quand l'Ami du peuple, qui portait le costume qu'on lui connaît et dont la tête était enveloppée d'un foulard, l'interrompit avec fureur :

« Tu oses dire que tu appartiens à l'Académie *royale* des sciences, à cette réunion d'hommes méprisables qui ont fait la gloire du règne de Louis XVI! Ne sais-tu pas que tu te trouves dans une assemblée de vrais patriotes, qui ont horreur de toute supériorité quelconque?

« Personne ici ne se laissera prendre à tes prières... Tu es une sangsue du peuple. Déjà la nation a dépensé deux cent mille écus pour mesurer la méridienne. Quel besoin a-t-on de savoir quel est le diamètre de la terre! Pourquoi adopter de nouvelles mesures?

« Est-ce que les anciennes mesures ne nous suffisent pas? Ce qu'il nous faut, c'est qu'il n'y ait plus d'exploiteurs sur la terre, c'est qu'on n'y trouve plus d'individus qui livrent à faux poids! Défions-nous surtout de ceux qui vendent de la fausse science. Va-t'en et ne reparais pas, sans cela je demanderai au procureur syndic de requérir ton arrestation immédiate... Il ne faut pas te laisser sortir de Paris, car le temps est proche où les Bailly, les Charles, les Condorcet, les Lavoisier et autres complices de la tyrannie vont porter leur tête sur l'échafaud. »

Marat parlait avec tant d'animation et il gesticulait avec tant d'énergie, qu'il s'arrêta soudainement sans pouvoir continuer; sa furibonde diatribe l'avait visiblement épuisé.

Les principaux de ses adhérents, craignant que le grand homme ne suffoquât, s'empressaient autour de lui avec un zèle qui, dans toute autre occasion, aurait fait rire Delambre. Mais, malgré ses vaillantes résolutions, l'astronome n'en menait pas large, et, profitant de ce que personne n'avait les yeux fixés sur lui, il prit modestement le chemin de la porte, jurant qu'on ne le reprendrait plus dans une pareille bagarre, et se promettant bien de ne plus s'adresser aux zélateurs de la Révolution pour obtenir l'autorisation de continuer une œuvre dont la France révolutionnaire était si fière officiellement.

Pendant quelques mois, Delambre, suivant le conseil de l'abbé Siéyès, chercha à se faire oublier, espérant qu'un meilleur vent soufflerait sur la terre.

L'heure où le torrent qui avait débordé dans les
journées de septembre devait rentrer dans son lit
n'avait point encore sonné à l'horloge de la justice.
Les Guyton-Morveau, les Carnot, les Fourcroy et
d'autres savants patriotes subissaient en gémis-
sant la dictature de ces fous sanguinaires dont la
Commune de Paris était l'arche sainte. La fureur
des massacreurs, dirigée contre les Girondins, pouvait à chaque instant se détourner contre les physiciens et les astronomes. Quiconque s'était distingué
par un talent quelconque avait cessé de pouvoir
compter sur un lendemain assuré, lorsqu'un événement singulier vint permettre à Delambre de rentrer en campagne. Il avait le bonheur de recommencer ses travaux au moment où la crise sévissait
avec le plus d'intensité et où les meilleurs citoyens
devaient douter de l'avenir de la République et de
l'existence de la nationalité française.

CHAPITRE X

Après la mésaventure qu'il avait éprouvée aux portes mêmes de Paris, Méchain avait continué sa route vers le Midi. Il était parvenu sans obstacle à Rodez et avait commencé ses opérations sans être inquiété par personne. Nulle part on n'avait considéré sa géométrie comme suspecte et mis en doute la provenance des·certificats ou des instructions qu'il exhibait. Il avait même pu allumer ses fanaux sans exciter les appréhensions de populations trop éloignées du théâtre des agitations pour prendre au sérieux les déclamations de quelques clubistes. Mais, dès qu'il arriva sur les frontières d'Espagne, les choses changèrent brusquement.

Lorsqu'il était en France, il avait toutes les peines du monde à faire comprendre que les délégués du gouvernement espagnol n'étaient pas des agents chargés de préparer l'invasion. Passait-il de l'autre côté des Pyrénées, c'étaient les délégués espagnols qui étaient embarrassés pour démontrer que leur collègue n'était pas un Jacobin déguisé apportant dans ses lunettes la haine des rois, des prêtres et de l'aristocratie.

Pendant deux mois, le malheureux astronome fut ballotté entre deux nations qui vivaient en paix l'une avec l'autre, mais qui s'envisageaient l'une et l'autre avec des soupçons réciproques et de mutuelles appréhensions.

Heureusement, Charles IV, roi d'Espagne, avait encore à son service un ministre éclairé qui, dans des circonstances moins difficiles, aurait pu épargner à son pays les horreurs de révolutions et de réactions également déplorables et sanglantes. Un des derniers actes du comte Aranda, prévenu de ce qui se passait, fut d'employer son autorité pour mettre un terme à un semblable désordre. Il envoya aux savants espagnols des instructions formelles afin qu'ils eussent à porter leurs opérations dans l'intérieur du pays, au milieu de régions qui n'étaient point désolées par la crainte fébrile de l'espionnage.

Méchain, qui avait fait la triste épreuve des difficultés morales attendant les géomètres sur la zone frontière, et qui savait de plus que la majeure partie des difficultés naturelles était concentrée dans la région montagneuse s'étendant depuis les Pyrénées jusqu'en Catalogne, donna son approbation à cette manière de procéder. S'il avait cru trouver tant de bonne volonté dans un pays encore soumis à l'Inquisition et au pouvoir despotique, il n'aurait pas perdu son temps à des tentatives aussi périlleuses qu'inutiles; il eût demandé depuis longtemps comme une faveur ce qu'on lui proposait d'une façon si opportune comme un dédommagement.

La protection qu'un ministre éclairé accordait à la science française devait s'étendre encore plus loin. Au commencement de la Révolution, Charles IV ne lui avait pas été réellement antipathique; il se croyait assez sûr de l'affection ou de la docilité de son peuple pour ne rien avoir à redouter de l'invasion des doctrines nouvelles. Il avait même élaboré spontanément des plans de réforme sociale et politique pour se rapprocher des idées que l'on supposait à l'infortuné Louis XVI.

Mais, à partir du 10 août, Sa Majesté Catholique n'avait plus eu qu'un seul but, sauver la vie de son malheureux frère.

Les négociations qu'il avait tentées n'avaient produit aucun résultat. La sanglante journée du 21 janvier avait creusé comme un fossé infranchissable entre les juges du roi de France et son frère indigné.

Sa Majesté Catholique s'était jointe avec éclat à la coalition. Elle avait déclaré la guerre à l'Assemblée qui ne s'était pas contentée de détruire le trône de ses ancêtres, mais qui l'avait arrosé de sang.

Mais les conseillers de Charles IV avaient été

assez habiles pour comprendre qu'il ne fallait pas laisser croire que leur hostilité s'étendait aux buts légitimes de la Révolution et que leur exécration comprenait toute la nation française.

Ils n'avaient point commis la faute de chercher à imiter le duc de Brunswick. Sa Majesté Charles IV rendit donc un décret spécial, qui mettait sous sa protection directe la Commission du mètre et ordonnait que les opérations continueraient sous la direction du seigneur Gonzales et de M. Méchain, comme pendant la paix. Quoique Français non émigré, et de plus employé d'un gouvernement en guerre avec l'Espagne, M. Méchain était autorisé à circuler librement; sous les peines les plus sévères il était interdit de le molester; toutes les autorités civiles et militaires devaient lui prêter assistance pour l'exécution de son mandat.

Lorsque le décret du roi Charles IV arriva à Paris, il produisit un très grand effet auprès des hommes politiques qui avaient conservé le culte de la grandeur nationale.

Guyton-Morveau, Carnot et Fourcroy, qui faisaient partie du Comité de Salut public, comprirent que la République était déshonorée, si on laissait les obscurantistes de la Commune faire obstacle aux opérations de la Commission du mètre, au moment où le roi d'Espagne l'encourageait d'une façon si intelligente.

Il fut décidé qu'on donnerait au citoyen Delambre et à ses aides les passeports dont ils avaient besoin,

et que l'on mettrait à leur disposition les fonds
nécessaires, non pas en assignats, mais en numéraire. L'arrêté fut rendu et appuyé de considérants tels, que les maratistes de la Commune durent courber la tête. Cousin, membre de l'Académie
des sciences, qui avait des rapports journaliers
avec le Comité des Subsistances, accompagna Delambre à l'Hôtel de Ville lorsqu'il y retourna pour
demander des passeports accordés avec la même
unanimité qu'ils avaient été refusés lors de la première démarche.

Delambre partit, malgré les déclamations de l'*Ami
du peuple* et du *Père Duchêne*, qui se vengèrent de
leur désappointement en demandant la tête des
députés de la Gironde et des savants suspects de
sympathiser avec la faction dont ils avaient juré la
perte.

Si l'agitation avait grandi à Paris, elle avait en
quelque sorte diminué en province; excepté dans
quelques villes terrorisées par des proconsuls dignes
de la Commune qui les soutenait, Delambre trouva
une sympathie réelle. Il eut, du reste, bientôt affaire
aux militaires de l'armée de Custine, qui défendait
les frontières du Nord.

Les braves gens qui versaient leur sang pour la
patrie n'avaient que mépris pour les clubistes de la
capitale. Ils sympathisaient ouvertement avec les
savants, dont les expériences les transportaient
d'enthousiasme. Ils auraient volontiers fait une
ovation au chef de la mission de la méridienne, si

celui-ci n'avait cru prudent de rester dans une sage réserve. En effet, les anarchistes n'auraient pas manqué de tirer un parti terrible de toute démonstration éclatante. On l'aurait sûrement transformée en pronunciamento royaliste.

Loin de la tourbe fanatique qui s'agitait dans les salles de l'Hôtel de Ville, Delambre profitait de ce magnifique élan scientifique auquel on dut la création des aérostats militaires, la fabrication révolutionnaire de la poudre et l'invention du télégraphe des frères Chappe, lorsqu'une nouvelle catastrophe vint arrêter ses mouvements.

Les Jacobins ne dédaignaient pas de se servir des lenteurs dont ils étaient la principale cause pour amener la suppression d'opérations dont ils étaient hors d'état de comprendre la nécessité. Ils déclaraient que c'était par défaut de civisme que la Commission agissait si lentement, qu'elle tenait à ne pas donner à la République un nouveau système de poids et mesures.

Le résultat de ces méprisables intrigues fut la destitution de six membres de la Commission du mètre, et, finalement, la nomination d'une Commission provisoire, composée de véritables prolétaires de l'intelligence, n'ayant aucune des connaissances techniques nécessaires à l'accomplissement d'un travail scientifique.

Ce singulier épisode de notre histoire révolutionnaire montre jusqu'à quel point peut aller l'aveuglement politique. On voit que l'on peut se laisser entraîner à appliquer aux sciences la méthode suivie par la Commune de Paris pour la Vendée, lorsqu'elle mettait ses troupes sous les ordres du général Rossignol, qui supprimait la stratégie comme inutile et croyait suffisant de marcher majestueusement et en masse sur l'ennemi.

Les motifs du décret qui suspendit les travaux scientifiques destinés à l'établissement des nouvelles mesures sont tout à fait dignes du sentiment méprisable qui le dicta :

« Le Comité de Salut public, considérant combien il importe à l'amélioration de l'esprit public que ceux qui sont chargés du gouvernement ne donnent de mission qu'à des hommes dignes de confiance par leurs vertus républicaines et leur haine pour les rois, après s'en être concerté avec les membres du Comité d'instruction publique, occupé spécialement de la détermination des unités usuelles, arrête que Borda, Lavoisier, Laplace, Coulomb, Brisson et Delambre cesseront, à compter de ce jour, d'être membres de la Commission des poids et mesures, et remettront de suite, avec inventaires, aux membres restants, les instruments, calculs, notes, mémoires, et généralement tout ce qui est entre leurs mains de relatif à leurs fonctions. Il arrête en outre que les membres restant à la Commission des poids et mesures feront connaître au plus tôt au Comité de Salut public quels sont les hommes dont ils ont un besoin indispensable pour la continuation de leurs travaux, et qu'ils feront part en même temps de leurs vues sur les moyens de *donner le plus tôt possible l'usage des nouvelles mesures à tous les citoyens, en profitant de l'impulsion révolutionnaire.* »

Le ministre de l'intérieur était chargé de tenir la main à l'exécution de cet arrêté, qui était signé par Barrère, Robespierre, Billaud-Varennes, Couthon, Collot d'Herbois, etc., etc., et se trouve encore au registre des délibérations de cette terrible délégation des pouvoirs souverains.

Nous n'avons pas besoin de faire remarquer que les premières lignes de cette pièce mémorable ne contenaient que de vains et fallacieux prétextes.

En effet, lorsqu'on avait confié à Delambre la pénible mission de procéder à des opérations dans lesquelles il faut le plus grand calme de l'esprit et même des sens, on n'avait pas pensé qu'il allait quitter les clochers pour descendre dans les assemblées populaires afin de faire parade de sa haine des rois et de la pureté immaculée de ses sentiments patriotiques. C'eût été, il faut en convenir, un bien singulier moyen d'activer un travail déjà beaucoup trop lent pour les habitudes dévorantes de ces temps véritablement électriques.

L'idée de terminer rapidement une réforme attendue avec impatience et à qui tenait tout un système de gouvernement moral n'était pas mauvaise ; et l'on ne doit pas blâmer la création d'un mètre provisoire, à condition cependant qu'il ne fût que provisoire et que cet expédient ne produisît pas un

temps d'arrêt dans les efforts pour le rendre définitif.

En effet, dès qu'il n'était pas dérivé par des opérations astronomiques et physiques des éléments
mêmes que nous donne la nature, il était aussi arti-
ficiel que les unités de longueur qu'on avait l'ambition de remplacer, et il n'avait aucune des qualités
nécessaires pour être imposé aux nations.

Peut-être eût-il été sage de prévoir ces délais et
de se contenter de tirer le mètre de la mesure du
pendule , qui aurait pu être effectuée beaucoup
plus rapidement ; mais les révolutionnaires, qui
avaient été trop ignorants pour s'apercevoir de la
longueur de la tâche qu'ils traçaient en acceptant un
mode de dérivation si compliqué, ne faisaient qu'ag-
graver leur faute en protestant contre les précautions minutieuses dont s'environnaient les commissaires. Il fallait que la détermination fût aussi
parfaite que le permettait l'état de la science, et
que l'on n'eût à reprocher aux astronomes chargés
de ce travail aucune inexactitude grossière autorisant les Allemands ou les Anglais à déclarer que
le travail devait être considéré comme nul et non
exécuté, et que ce qu'il y avait de mieux à faire
était de le reprendre à nouveau.

Le bruit que l'on a fait des quelques erreurs qui
se sont glissées dans les mesures nous permettent
de comprendre ce qui aurait eu lieu si Delambre,
Méchain et leurs successeurs n'avaient été animés
d'un patriotisme assez grand pour reconnaître qu'ils

remplissaient un devoir civique en combattant eux aussi pour la gloire de la République française, en exposant leur vie sur des champs de bataille qui n'étaient pas moins glorieux que les autres.

Nous ne ferons pas à nos lecteurs l'injure d'examiner ce qui serait arrivé si le gouvernement avait été aussi aveugle que les terroristes, s'il s'était contenté de la détermination des mesures provisoires, comme le voulaient des réformateurs supposant qu'il suffit de décréter l'égalité des hommes ou des sexes pour faire disparaitre toutes les inégalités que la Providence a cru devoir mettre parmi nous, et qui, si on l'exigeait pour les nommer députés ou sénateurs, n'hésiteraient point à promettre l'abolition de la maladie ou de la mort par décret.

Après avoir rendu son arrêté, le Comité saisit de cette affaire l'Assemblée, dont il n'était que l'émanation.

Un second rapport sur la question du mètre fut déposé à la Convention nationale par Arbogast, mathématicien peu connu, faisant partie de la députation de l'Alsace, qu'il avait représentée sans éclat à la Législative et qui se fit l'organe d'impatiences avec lesquelles nous venons de voir qu'il était difficile de ne point compter, quoiqu'elles provinssent de ceux qui entravaient les opérations.

L'achèvement du mètre était indispensable pour effacer les traces du régime passé et compléter le système dont faisaient partie le calendrier et les fêtes révolutionnaires dont la Commune de Paris demandait l'inauguration avec le mode impérieux qui caractérisait ses revendications.

La Convention nationale décida donc, non sans sagesse, que les nouvelles mesures seraient mises en vigueur dès le 1ᵉʳ juillet 1794.

Ce décret fut reçu avec enthousiasme par les exaltés, dont les excitations obscurantistes avaient été une des principales causes des retards.

On aurait pu croire que ce décret du 1ᵉʳ août 1793 aurait eu pour résultat d'imprimer une activité nouvelle aux travaux de la Commission et d'aplanir quelques-unes des difficultés contre lesquelles ses prédécesseurs avaient eu à se heurter. Hélas! il n'en fut rien, et les persécutions contre les savants qui avaient servi l'ancien régime continuèrent avec la même ardeur de la part des publicistes ayant pris l'horrible mission d'exciter les fureurs populaires.

L'idée secrète des vandales révolutionnaires était de se passer de toutes les opérations auxquelles ils ne comprenaient rien et de déterminer la longueur du mètre par décret, ainsi que Charlemagne avait pu le faire pour celle du pied. Habitués à ne tenir aucun compte de la nature dans leurs conceptions sociales et politiques, ces charlatans politiques ne voyaient pas pourquoi ils agiraient autrement pour la détermination des mesures destinées aux besoins de l'industrie et du commerce.

La résolution de prendre un mètre déterminé non par une commission scientifique, mais par une simple commission administrative, n'était point à leurs yeux une mesure provisoire, mais bien une concession définitive à l'esprit d'obscurantisme, qui ne cessa pas ses ravages avec la mort de Marat, et continua jusqu'à la fin de la Terreur à faire le fond de la réforme sociale de certains enragés.

Des démagogues furibonds avaient en effet formé le projet de donner une sorte de sanction légale à la misanthropie de Rousseau et de ramener l'homme civilisé à l'état de nature. La haine des sciences et des arts était à l'ordre du jour. Nous avons assez vu refleurir cette insanité dans les agitations politiques et morales auxquelles nous avons assisté pour avoir horreur de cette maladie mentale fort répandue pendant la Terreur de 1793 et à laquelle conduit infailliblement tout triomphe même temporaire des idées anarchistes et athéistes, contenant implicitement la négation de tout usage de la raison.

La destruction de la Commission du mètre fut annoncée comme une victoire à la Convention nationale. Voici en effet comment le *Moniteur universel* raconte ce qui s'est passé dans la séance du 30 nivôse :

« Le Comité de Salut public ayant ordonné l'épuration de la Commission pour que cette opération importante ne fût confiée qu'à des coopérateurs de la Révolution, la nouvelle Commission est venue rendre compte à la Convention nationale de l'état de ses travaux. Son activité est si grande, que bientôt on sera à même de satisfaire tous les citoyens qui supportent avec impatience les noms de pied de roi,

toise de roi, arpent royal, et de leur offrir des
mesures républicaines portant les poinçons de la
Liberté au lieu de ceux du Despotisme.

« La députation a annoncé que, sans rien faire
perdre à l'exactitude, elle avait pris les moyens de
donner à l'exécution la rapidité de la marche révolutionnaire. En conséquence, tandis que quelques
artistes étaient occupés des étalons, elle avait appelé
tous les autres à fabriquer des mesures et des poids
pour les mettre dans le commerce, en leur offrant
la communication immédiate des types. Ainsi, sous
peu de temps, chaque citoyen pourra faire usage de
mesures républicaines uniformes dans toute la
France , incomparablement plus commodes que
celles qui ont été en usage jusqu'à ce jour et rap-
pellent encore la barbarie et la féodalité. »

Le personnage qui fut chargé de signifier à
Delambre le pitoyable arrêté du Comité de Salut
public ne prit pas les choses d'aussi haut. On doit
croire, d'après le récit que l'astronome nous a laissé
de l'entrevue, que son interlocuteur était hon-
teux de son rôle ; il prit la peine de le préparer à
l'étonnante nouvelle qu'il allait lui transmettre ; il
l'engagea même à terminer les opérations commencées, comme si dans son esprit il ne s'agissait que
d'une interruption temporaire et non d'une victoire
définitive des ennemis de la civilisation.

Delambre profita de l'autorisation pour achever
ses observations et mettre en ordre ses calculs, puis
il revint à Paris afin de rendre ses papiers à la

Commission épurée, c'est-à-dire composée de membres dont aucun ne connaissait peut-être un mot de trigonométrie, mais dont le civisme était assez solide pour défier les investigations du *Père Duchêne*.

En rentrant à Paris, Delambre trouva naturellement que les membres de sa section avaient mis les scellés sur ses livres, ses meubles et ses effets, et qu'il était purement et simplement sous le coup d'une accusation d'émigration, crime alors puni de mort et de confiscation.

Mais il n'eut pas de mal à se disculper en montrant les papiers qui établissaient la nature de la mission pour laquelle il était resté éloigné de Paris. Comme aucune publicité n'avait été donnée à l'arrêté du Comité de Salut public qui interrompait les opérations, il ne commit pas la faute de le promulguer lui-même; il ne lâcha pas une parole qui pût faire croire qu'il n'était plus au service de la République, ce qui pouvait avoir l'inconvénient non moins terrible de le faire passer dans la catégorie des suspects, qu'on logeait dans les prisons et que la fatale charrette mettait chaque matin en coupe réglée.

Quoique la qualité qu'ils supposaient appartenir encore à l'astronome méritât quelques égards, les commissaires ne se crurent point dispensés d'examiner avec l'attention la plus scrupuleuse tous les objets qu'ils trouvèrent chez le citoyen Delambre. Leur attention fut surtout attirée d'une façon fâcheuse par un diplôme de membre de la Société royale de Londres, qui était rédigé en latin, langue qu'aucun de ces grands citoyens ne comprenait. Comme ce diplôme portait les armes d'Angleterre et la signature du roi George, il s'en fallut de bien peu que l'infortuné astronome ne fût retenu comme agent de Pitt et Cobourg. Une catastrophe eût été inévitable si l'on avait fouillé l'inculpé, car on aurait trouvé sur lui des lettres de Méchain, que l'on accusait publiquement d'émigration, la prolongation involontaire de son séjour à l'étranger donnant naturellement prise aux interprétations les plus fâcheuses. Cependant Delambre fut si adroit et si conciliant, que ces vertueux citoyens commissaires s'amadouèrent et lui laissèrent ses différents diplômes. C'était une grande condescendance de leur part !

Nous ne chercherons point les noms des membres de la Commission administrative du mètre. De telles individualités ne méritent pas de trouver place dans l'histoire.

Placée en de telles mains, une entreprise conçue par la science et la philosophie ne pouvait que péricliter, et le triomphe de l'obscurantisme, si par impossible il avait duré, aurait conduit au retour des anciennes unités complexes et arbitraires. Ce fut donc le 9 thermidor qui sauva le mètre, comme il sauva la Convention et comme il sauva la France.

La continuation de l'anarchie aurait amené insensiblement notre patrie à un état analogue à celui de la République haïtienne, à la décomposition sociale, triste châtiment des peuples qui, nés pour le despotisme, confondent la licence convenant à leur état mental avec la liberté, dont ils ne sont point dignes. Comme la Révolution elle-même, la réforme métrique aurait complètement échoué, si le dévergondage politique et social n'avait été brusquement arrêté. Le succès de cette grande et salutaire réforme doit donc être attribué aux hommes de cœur qui ont eu le courage de risquer leur tête pour terminer le règne de l'échafaud et pour regarder la Terreur en face, comme Neptune lorsqu'il s'adressa aux flots pour prononcer son *Quos ego....*

CHAPITRE XI

Dangers et difficultés de Méchain sur la frontière d'Espagne.
— Ses rapports avec le citoyen Arago. — Tranchot arrêté
et garrotté par les miquelets. — Accident terrible arrivé à
Méchain. — Il est fait prisonnier à Barcelone. — Sa misère.
— Noble dévouement de sa femme.

L'autorisation que le ministre de Charles IV avait donnée avec un libéralisme assez inattendu, n'était point suffisante. En effet, les deux pics de Camellos et de la Estella, où devait s'établir la jonction du réseau français et du réseau espagnol, se trouvaient tous deux sur le territoire de la République. En outre, cette opération ne pouvait réussir que si des signaux étaient placés sur le mont Forceval et sur le mont Bugarade, qui sont situés l'un et l'autre au nord de ces deux stations.

Heureusement pour lui, Méchain avait rencontré parmi les membres de la commission départementale un cultivateur aisé habitant la petite commune d'Estagel, et portant le nom encore tout à fait inconnu d'Arago. Le fils de ce campagnard intelligent avait l'envie de se consacrer à la carrière des sciences.

Mais Méchain, qui savait par une trop cruelle expérience à quelles excitations de corps et d'esprit se vouent les hommes qui sacrifient même aux Muses les plus utiles et les plus sévères, crut rendre service à son nouvel ami en employant toute son autorité morale auprès de l'adolescent pour l'engager à adopter la paisible carrière de son père.

Grâce à la sympathie qu'il rencontra chez les républicains éclairés, Méchain eut toute la liberté d'action compatible avec l'état des affaires publiques dans ces régions, où la fortune des armes était loin d'être favorable à la France; car on pouvait craindre que l'invasion étrangère ne pénétrât dans le Roussillon plus facilement que dans les autres régions de la France.

Le général espagnol se méfiait beaucoup de l'astronome; aussi l'avait-il mis, lui et le capitaine du génie qui lui servait d'adjoint, sous la surveillance de deux aides de camp chargés d'empêcher qu'il ne rejoignît l'armée républicaine et ne lui donnât tous les renseignements qu'il avait pu recueillir sur la force et la distribution des troupes de Sa Majesté.

C'est dans ces conditions que Méchain fit la station de Camellos pendant les premiers jours de septembre et d'octobre 1793.

Il chargea son adjoint Tranchot, jeune homme doué d'une grande activité et d'une santé de fer, de la station voisine, la Estella, beaucoup plus rapprochée des vallées que tenaient les miquelets de la République.

Ces hardis chasseurs, dont l'imagination était surexcitée par les terribles nouvelles de l'intérieur de la France, avaient aperçu qu'il se passait quelque chose d'extraordinaire dans la montagne. Ils s'imaginèrent que les royaux avaient établi un poste pour surveiller les habitants de Bellegarde et de l'Écluse qui occupent les ruines des portes d'Espagne, aussi fameuses du temps des Visigoths et des Maures que celles de Chine le furent lors de la dernière expédition du Tonkin.

Pendant que Tranchot se reposait, dans une cabane de branchages, des fatigues d'une journée bien remplie par des visées heureuses, les miquelets cernaient ce réduit déjà neigeux. Au beau milieu de la nuit ils faisaient irruption dans la hutte, se saisissaient des armes des trois personnes qui l'occupaient. Sans s'arrêter aux protestations de leurs victimes, ils les garrottaient étroitement, les ligotaient sur des mulets dont ils avaient pris soin de se munir, et les entraînaient triomphalement, après les avoir avertis qu'on leur casserait la tête à la moindre tentative qu'elles feraient pour fuir.

Heureusement les volontaires ignorants qui accomplissaient cet enlèvement trouvèrent à l'Écluse quelques citoyens plus humains et plus raisonnables, qui leur firent comprendre qu'ils pouvaient amener leurs prisonniers à Perpignan d'une façon moins barbare et plus commode. On les mit donc sur une charrette autour de laquelle les auteurs de cette arrestation se placèrent la carabine au poing.

Le voyage s'accomplit sans aucun incident notable, et les miquelets conduisirent leur capture jusque sur la place du district, au milieu d'un grand concours de population.

Comme ces régions étaient précisément celles que menaçait l'armée espagnole et où elle avait obtenu ses premiers avantages, les administrateurs eurent quelque peine à faire comprendre à la foule qu'on avait commis une méprise très regrettable, et qu'en arrêtant les astronomes les miquelets avaient interrompu un travail très important pour la gloire et la consolidation des nouvelles institutions nationales, pour lesquelles ils versaient si patriotiquement leur sang.

On reconduisit donc M. Tranchot et ses aides aux avant-postes espagnols, après leur avoir donné un sauf-conduit destiné à les garantir contre toute nouvelle mésaventure.

Le temps était magnifique dans le nord de l'Espagne, de sorte que Méchain finit rapidement ses opérations et revint à Barcelone pour se livrer à ses calculs. Il était plein d'espérance, lorsqu'il lui arriva un terrible accident qui fut comme le signal d'une série de traverses dont la trop lugubre issue est encore à déplorer.

Un médecin célèbre, dont Méchain avait fait connaissance depuis quelque temps à Barcelone, le pressait de voir une machine hydraulique nouvellement établie dans une campagne voisine. Méchain avait toujours différé, comme s'il avait eu quelque pressentiment du sort qui lui était réservé. Mais au moment de rentrer en France après une campagne si heureuse, il ne put se refuser de donner cette satisfaction aux instances d'un ami dont il avait pu apprécier le dévouement.

L'arrivée des visiteurs n'avait point été annoncée, et les chevaux qui faisaient tourner le manège n'y avaient point été attelés. Le médecin, aidé d'un domestique, se croit assez fort pour faire jouer l'appareil, et Méchain se place dans un endroit un peu élevé auprès du réservoir, afin d'admirer la quantité d'eau qui va sortir du tube abducteur.

Tout à coup il entend des cris perçants. Il se retourne et il aperçoit les deux hommes entraînés par la machine, que leurs efforts ont pu mettre en mouvement, mais qu'ils ne peuvent maîtriser. Il se précipite pour les secourir. En ce moment, la barre qui les a renversés en marchant à rebours leur échappe des mains. Elle vient frapper l'astronome et le lance contre un mur, au pied duquel il tombe sans connaissance.

Le docteur se relève, et, quoique tout froissé lui-même, il se précipite auprès de son ami, qui ne donne plus signe de vie. Cependant, à force de soins, il parvient à le ranimer. On le transporte à la ville, où l'on examine ses blessures. Il a trois côtes enfoncées et la clavicule démise.

Dans de pareilles conditions, le travail de la mesure du mètre était fatalement interrompu pendant une longue série de semaines. Méchain dut aller aux eaux de Caldas pour tâcher de faire disparaître les traces d'une commotion si épouvantable.

Pendant que le Comité de Salut public destituait brutalement six membres de la Commission du mètre et préparait sa dissolution définitive, la situation de Méchain empirait singulièrement en Espagne. Il s'était remis tant bien que mal de ses blessures et se disposait à rentrer en France, lorsque, à sa grande surprise, il se vit refuser les passeports nécessaires par le comte de Ricardo, général de l'armée chargée d'envahir le Roussillon. On lui déclara tout net qu'il ne quitterait l'Espagne qu'à la paix, et qu'il était retenu comme prisonnier pendant toute la durée de la guerre.

La lettre par laquelle Méchain annonçait ce contretemps inattendu arriva à Paris en même temps que Marat faisait refuser à Delambre le passeport qu'il sollicitait. On eût dit que les deux gouvernements qui se faisaient une guerre acharnée s'étaient entendus pour rendre impossible la fin du grand travail scientifique que tous deux commençaient avec tant de zèle il y avait quelques années. Méchain exprimait ses regrets de la façon la plus éloquente et déclarait qu'il ne lui faudrait que six mois pour conduire ses triangles jusqu'à Bourges; mais, après ce début, il s'écriait tristement :

« De quel droit puis-je parler ainsi? Hélas! je suis dans les fers, et les projets que je forme ne pourraient être exécutés que si par miracle je recouvrais ma liberté. »

Cependant l'espérance n'abandonnait pas son âme ardente. Il tâchait de mettre à profit les loisirs forcés de la captivité, en recommençant tout le travail de l'année précédente; il revisait ses calculs, c'est-à-dire les faisait de nouveau en les exécutant dans un nouvel ordre!

Au milieu de ces terribles épreuves, Méchain conçut un projet magnifique et qui suffirait à lui seul pour immortaliser son nom. Il eut l'idée de prolonger l'arc de méridien au delà des limites du continent européen et de le pousser jusqu'à Cabrera, la plus méridionale des Baléares.

Les triangles aboutissant à cet îlot avaient des dimensions tellement inusitées, que par leur emploi Méchain révolutionnait l'art de la mesure de la Terre. D'un seul coup il évaluait des lignes de 150 à 180 000 mètres, tandis que dans la partie continentale de la méridienne on n'avait jamais déterminé de côté dépassant 60 000 mètres.

Méchain avait encore compris qu'en opérant sur un district pélagique il n'avait point à craindre que la figure de la terre fût modifiée par des difformités locales, puisque aucune force perturbatrice ne peut empêcher la surface d'équilibre des eaux d'être régulièrement sphéroïdale.

L'opération marchait plus vite et mieux; elle pouvait donner à la fois satisfaction aux amis de la perfection et à ceux qui voulaient la rapidité d'exécution; mais un doute terrible l'arrêtait dans son enthousiasme : avait-il à sa disposition des monta-

gnes assez élevées pour braver la rondeur de la Terre,
et des lampes suffisamment énergiques pour rester
visibles du haut des sommets qu'il avait choisis.

On était alors dans la période hivernale, saison
de brouillards et de nuages où la vision à grande
distance est presque toujours impossible, même en
employant les puissants fanaux électriques en usage
depuis la guerre franco-allemande et auxquels personne ne pouvait songer. Il n'eut donc pas de repos
jusqu'au moment où il s'assura qu'il apercevait, dans
ces hautes terres couvertes de neige, des feux allumés par l'infatigable Tranchot et quelques guides
auxquels ce vaillant observateur avait communiqué
son ardeur.

Mais la satisfaction qu'il éprouva en discernant
quelques points lumineux, d'une façon trop confuse
pour prendre lui-même les moindres mesures, ne
fut pas de longue durée. Il se trouva aux prises avec
des difficultés matérielles d'un autre ordre : la
détresse financière faisait son apparition.

L'argent comptant qu'il avait en main s'était
épuisé ; les fonds qu'il avait chez un banquier avaient
été saisis comme étant la propriété d'un gouvernement étranger, en guerre avec Sa Majesté Catholique.

Une misère hideuse étreignait l'infortuné au moment où il venait de découvrir la véritable méthode
pour étudier la figure de la Terre, pour mesurer les
arcs de méridien et de parallèle avec la précision
que la science peut mettre dans des opérations qui
rattachent la physique terrestre à l'astronomie.

Telle était la récompense de ce savant enthousiaste et dévoué à la patrie, dont la méthode a fait fortune. En effet, c'est grâce à elle que le colonel Perier a rattaché les montagnes d'Espagne à celles d'Algérie, et le jour n'est point éloigné où les vastes archipels du Pacifique, comme les Pomotou et les Carolines, au lieu d'être une pomme de discorde entre les nations civilisées, serviront à ces opérations dans lesquelles on peut dire que le genre humain s'efforce de pénétrer le secret de la divinité.

Méchain était soutenu, protégé de loin par une femme admirable qui ne se lassait jamais de solliciter pour son mari les secours dont il avait besoin, qui poussait à un tel degré l'abnégation qu'elle faillit devenir victime de son dévouement lorsqu'il fut accusé d'émigration, et qui était la première à l'engager à se séparer d'elle lorsqu'il s'agissait de la gloire de son nom et du bien de la France.

Rien n'est plus touchant que de voir dans les archives de l'Académie des sciences les reçus signés de Mme Méchain et prouvant que c'était par acomptes misérables, par remises de cinq cents francs, qu'elle arrachait à Lucas, agent général de l'Institut, l'argent dont son mari avait besoin pour la soutenir, pour travailler et pour ne pas mourir de faim lui-même.

Que d'amour, de noble ténacité et de vrai courage la graphologie, si elle n'est pas un mensonge, devrait lire dans cette élégante et ferme signature que l'archiviste nous a montrée !

CHAPITRE XII

L'erreur du triangle de Méchain. — Ses hésitations. —
Invitation aux savants étrangers. — Mesure préliminaire de
la base de Melun. — Les assignats. — Difficultés de Delambre.

Les difficultés matérielles de la vie n'étaient point
le seul obstacle contre lequel Méchain eut à lutter
pendant sa captivité. C'était un de ces astronomes
qui, suivant l'expression de Delambre, ont une foi
absolue dans l'exactitude des résultats auxquels on
peut arriver avec des instruments. Épris d'admiration
pour le cercle répétiteur de Borda, qui lui avait
permis de faire les observations des triangles ratta-
chant Barcelone au réseau français, et ayant repassé
tous ses calculs, il avait envoyé en France la longitude du fort Monjuich, telle qu'il la concluait de
l'ensemble de ses opérations.

Obligé de rester en vue de cette forteresse, il
voulut occuper ses tristes loisirs à déterminer cette
quantité avec une nouvelle précision. Quelle ne fut
pas sa terreur, son effroi, lorsque l'étude des étoiles
circompolaires lui donna une différence de deux
secondes de degré !

Quoique bien supérieure aux erreurs d'observation, cette quantité n'était après tout que la dix-huit millième partie de l'arc qui sépare Barcelone de Dunkerque. Elle était constatée dans une partie nouvelle, supplémentaire, dont à la rigueur la Commission du mètre pouvait ne pas tenir compte.

Cette découverte inattendue produisit chez Méchain un véritable désespoir, et il prit la résolution funeste de ne pas révéler ce secret terrible, qui, à ses propres yeux, ternissait l'éclat de tous ses travaux ; il cacha au fidèle Tranchot lui-même les observations fatales.

Sur ces entrefaites, le comte Ricardo vint à mourir. Les lauriers cueillis sur une armée dont on ne pouvait plus mépriser la valeur militaire ne l'avaient point empêché de succomber aux fatigues de la campagne.

Méchain demanda à son successeur un passeport, non cette fois pour la France, mais pour l'Italie ; grâce à ce subterfuge, il reçut l'autorisation de s'embarquer pour Livourne.

La traversée fut très pénible et très longue, et Méchain se trouva menacé de plusieurs dangers également terribles. La mer n'était pas le seul ennemi qu'il eût à redouter. En effet, les côtes d'Espagne et d'Italie étaient infestées de pirates barbaresques qui profitaient de l'état de guerre des nations civilisées pour exercer leur brigandage sur une échelle alarmante.

Le bagne d'Alger se remplissait d'esclaves chré-

tiens que les Reis y entassaient ; les Pères de la
Merci, dont la noble charité plus que séculaire atté-
nuait les horreurs de ces pirateries, étaient eux-
mêmes victimes de la tourmente révolutionnaire.
On les avait confondus dans la proscription des
ordres monastiques avec les religieux de l'intérieur.
Les damnés d'Europe qui entraient dans l'enfer du
pacha d'Alger devaient, comme ceux qui tombaient
dans l'enfer du Dante, laisser à la porte toute espérance. Les Pères n'étaient plus là pour les racheter !

D'un autre côté, la République, qui avait reconquis
Toulon, avait aussi armé ses corsaires. Si le brigantin
qui portait Méchain, Tranchot et les papiers de la
mission avait été capturé, les Français qui se trouvaient à bord couraient risque d'être considérés
comme émigrés, enfermés au fort Lamalgue et dé-
férés au tribunal révolutionnaire, qui se laissait rarement aller à faire de subtiles distinctions.

Si le péril était grand sur mer, il était à peine
moindre sur terre.

En arrivant à Livourne, Méchain trouva des autorités méfiantes, inquiètes, ombrageuses, prêtes à
traiter en ennemis tous les Français, même ceux qui
avaient trahi leur patrie pour suivre la fortune du
comte de Provence.

Méchain crut bien faire en quittant la Toscane
pour se rendre à Gênes. Mais il ne reçut pas dans
les murs de cette fière république une hospitalité
plus brillante ; ses papiers furent saisis et auraient
été séquestrés jusqu'à l'entrée des troupes françaises,

peut-être même brûlés ou gaspillés, si le fidèle Tranchot n'avait pris le parti héroïque de briser les scellés, de s'emparer des documents qui appartenaient à la mission et de les porter en France de l'autre côté de la frontière.

Une fois en sûreté, Tranchot écrivit à **Méchain** de faire comme lui. Mais Méchain se montra pendant plusieurs mois sourd à tous les appels.

Le sort de Bailly, de Lavoisier, de Saron, de Condorcet, de ses amis, de ses confrères de l'Académie royale des sciences, jetait son âme dans une perplexité profonde. Il restait à l'étranger, déplorant les excès qu'il contemplait et songeant davantage au secret plein d'horreur qu'il ne pouvait cacher, mais qu'il n'osait avouer. Il se bornait à retarder la découverte qu'il ne pouvait dérober à la postérité.

Mais il apprit que sa femme avait été **arrêtée** pendant douze heures comme coupable de correspondance avec un émigré et qu'on avait eu toutes les peines du monde à la faire relâcher. Il n'y avait plus à hésiter. Il passa la frontière et revint offrir, s'il le fallait, sa tête aux juges de Paris!

Heureusement les foudres de Thermidor allaient éclater. Monge, Berthollet, Guyton, Lakanal cherchaient à montrer au monde que les scélérats qui avaient ensanglanté la Révolution l'avaient aussi calomniée en prétendant qu'elle avait pour but l'extinction des lumières, et qu'on ne pouvait affranchir une nation qu'en la délivrant de cette peste qui se nommait la civilisation.

On était arrivé à l'époque de ces créations brillantes qui se nomment l'Institut, l'École normale, l'École polytechnique et qui sont la réaction glorieuse contre l'obscurantisme de la Commune de Paris.

Avant que la mesure de la méridienne fût reprise officiellement, elle l'avait déjà été indirectement, grâce au général Calon, membre de la Convention nationale, directeur du Bureau de la guerre.

Ce savant officier, qui par bonheur était membre de la Convention nationale, eut l'idée de rattacher la mesure de la méridienne à l'exécution d'une nouvelle carte de France destinée à remplacer celle de Cassini. Il s'adressa à Delambre et à Méchain pour la détermination des principaux triangles. Il les prévint qu'il ne les chargeait de ce travail que d'une façon provisoire, pour utiliser leurs talents. Il leur dit en secret qu'il cherchait à les empêcher de mourir de faim en attendant que la Convention, délivrée des tyrans qui l'opprimaient, pût reprendre le grand travail de la mesure de la méridienne, l'œuvre capitale qui devait servir de modèle et de base à celle qu'il comptait lui-même exécuter.

Cet intelligent et bienveillant ministre du Comité de Salut public chargeait officiellement les deux astronomes et leurs adjoints de recommencer la mesure des triangles interrompus, tant dans la région des Pyrénées que sur les bords de la Loire.

Cependant les travaux ne reprirent réellement que lorsque la Convention nationale eut adopté la loi proposée par Prieur de la Côte-d'Or, qui établissait également une agence temporaire, comme l'avait obtenu Arbogast, une transition qui n'était pas cette fois un piège destiné à supprimer la mesure du mètre, mais un moyen de la faciliter. Le gouvernement n'avait plus la pensée coupable de rendre le provisoire éternel, mais au contraire de l'abréger.

L'époque fixée par le décret du 1ᵉʳ août 1793 pour l'usage des nouveaux poids et des nouvelles mesures était prolongée jusqu'à l'époque où les étalons auraient été fabriqués ; un crédit suffisant était mis à la disposition de l'agence temporaire, et l'on décidait que les travaux de la détermination du mètre seraient repris avec vigueur. Les autorités de toute espèce étaient chargées de prêter leur concours le plus actif à une si grande entreprise.

Les douze commissaires nommés étaient dignes de la mission qui leur était confiée et comprenaient tous les plus savants physiciens échappés à la hache des terroristes.

On y comptait Berthollet, Borda, Brisson, Coulomb, Delambre, Haüy, Lagrange, Laplace, Méchain, Monge, Prony et Vandermonde.

Les nouveaux élus se réunirent immédiatement au Comité de l'Instruction publique, se partagèrent sur-le-champ la tâche, rendant à chacun les fonctions qu'il occupait avant la crise dans laquelle avaient failli sombrer l'honneur et l'existence nationale de la France.

Il était en outre décidé que les citoyens Delambre,

Méchain et Prony se rendraient dans les environs de Paris et chercheraient un lieu propice pour la mesure manuelle de la base nécessaire à la détermination effective de la longueur du mètre, on peut dire à la conversion des mesures angulaires obtenues par la mesure des triangles en mesures linéaires, but ultime et suprême de toutes ces transformations successives.

Après avoir décidé qu'on se bornerait à mesurer une ligne d'environ 6000 toises, sur le chemin de Lieusaint à Melun, Delambre se mit en route pour ses triangles; Méchain l'avait précédé et était déjà parti pour la Catalogne.

Le pays s'était calmé; par suite des mesures énergiques prises par la Convention nationale, les terroristes avaient disparu de presque partout, et quoique les passions politiques fermentassent encore, elles n'avaient plus le même degré de violence. Cependant ni Méchain ni Delambre, rendus plus prudents, ne songèrent à employer des réverbères, qui n'auraient servi qu'à exciter une agitation dangereuse. Il fallait par prudence politique renoncer aux visées nocturnes, qui sont cependant les meilleures et les plus faciles.

Delambre avait en outre à combattre contre une difficulté d'un nouveau genre et qui n'était pas la moins gênante. Dans leur zèle iconoclaste, les terroristes avaient démoli un grand nombre de clochers qui avaient servi aux opérations précédentes.

Il fallait donc remplacer ces édifices par des signaux

en planches. Cette opération eût été simple en temps ordinaire, mais, comme les commissaires n'avaient à leur disposition que des assignats dépréciés, il était difficile de trouver des ouvriers, même en payant le travail à des prix qui nous paraîtraient aujourd'hui ridicules. Le clocher de Morlac avait été rasé à la hauteur du faîte de l'église, ainsi que beaucoup d'autres du même département.

Le représentant du peuple s'était vanté de ce haut fait dans une lettre à la Convention nationale, à laquelle il annonçait pompeusement « qu'il avait fait tomber ces clochers s'élevant avec orgueil au-dessus de l'humble demeure des sans-culottes ».

Les habitants de Morlac ne pouvaient se consoler de la manière par trop tarquinienne dont l'égalité avait été pratiquée par cet enthousiaste propagandiste. Delambre proposa à ces braves campagnards de le faire rétablir s'ils voulaient contribuer à la moitié des frais; mais, comme ils tenaient plus encore à leur argent qu'à leur clocher, ils refusèrent avec enthousiasme. Delambre se décida alors à construire une simple pyramide en planches qui bouchait le trou de la démolition. Dès qu'il eut fini ses opérations, il s'empressa de revendre ses bois à un entrepreneur. Mais quand cet homme se présenta pour prendre possession des matériaux qui lui appartenaient, ces catholiques économes s'opposèrent à ce qu'il enlevât les planches empêchant la pluie de pénétrer dans le temple de celui qui la fait tomber.

L'obstacle le plus difficile à vaincre fut bientôt la difficulté d'obtenir un travail quelconque avec les assignats que le gouvernement donnait à ses agents pour payer tous les travaux et solder les auxiliaires dont ils avaient besoin.

Pour aller de Bourges au village le plus voisin de Mere, c'est-à-dire pour faire une vingtaine de kilomètres, la poste prenait 1500 francs. Le prix des signaux augmentait chaque jour. Un méchant pylône finit par coûter 7000 francs, et un autre 9000. Delambre dut rester pendant un mois entier à Bourges, parce qu'il n'avait pas de quoi payer les chevaux qui devaient le mener à Dun-sur-Auron.

A Dunkerque, où il s'était rendu pour observer la hauteur du Pôle au-dessus de l'horizon, il fut obligé de déguerpir sans vérifier ses opérations, parce que les aubergistes refusaient de le loger et de le nourrir s'il ne les payait en numéraire.

Cette mésaventure se produisait au milieu de frimaire an IV, en plein hiver, et au moment où un de ses aides était atteint d'une maladie épidémique.

La situation de Méchain n'était pas plus brillante. Voici ce qu'il écrivait le 12 vendémaire an IV : « Vous ne pouvez vous faire une idée des difficultés que nous éprouvons pour avoir du bois et des ouvriers consentant à transporter et à établir nos signaux au sommet des montagnes. Nous sommes obligés d'aller à pied presque partout. D'ailleurs il y a impossibilité physique à faire autrement pour certaines stations, telles que Bugarach ; on ne peut y parvenir qu'en s'accrochant aux bois, aux broussailles et en gravissant les rochers. Nos autres stations sont moins élevées, mais toujours d'un accès difficile, car la plupart sont éloignées de trois ou quatre lieues de toute habitation ; nuit et jour on y est exposé aux orages. Nous avons pour lit un peu de paille et pour abri une simple tente. Nous sommes souvent tourmentés par les nuages, qui enveloppent nos postes et y restent accrochés pendant des journées entières. Puis, quand une station se découvre, l'autre s'ensevelit. J'ai été presque découragé quand j'ai vu le signal de Bugarach, qui avait tant coûté, abattu par un ouragan furieux. La tramontane est terrible dans ces régions ; rien ne résiste à sa violence ; il faut abattre les tentes et descendre en rampant sur la terre si l'on ne veut être enlevé comme une plume. »

Chaque fois que l'homme se mesure effectivement avec la nature, il se rend compte de l'énergie des forces que le théoricien ne connaît pas ou n'apprécie que d'une façon tout à fait imparfaite, et dont il néglige de s'occuper dans ses calculs. C'est ce qui fait que tant de projets qui charment au premier abord ne méritent que le nom de chimères. Mais c'est aussi ce qui fait que l'histoire des grandes entreprises offre un si puissant intérêt. En effet, rien n'est plus instructif que cette lutte de l'intelligence contre la matière, surtout quand aux difficultés inhérentes à la constitution de l'univers, où nous occupons une place si minime, viennent se joindre la fureur des factions et l'ignorance des masses, incapables de

comprendre leurs véritables intérêts et de voir quels
sont leurs sincères amis. Mais les bornes que nous
avons dû nous imposer nous obligent à abréger ces
détails pour arriver à l'époque où la France était
arrachée, par le Directoire, aux mains de l'anarchie,
où la science reprenait possession de ses droits
souverains, et où la liberté cessait d'être outragée
par les plus dangereux de tous ses ennemis, les
scélérats invoquant son nom pour légitimer toute
espèce d'excès.

CHAPITRE XIII

Lorsque l'Académie des sciences proposa à l'Assemblée nationale constituante de modifier le projet
qu'elle avait adopté et de renoncer à tirer le mètre
de la longueur du pendule battant la seconde, les
illustres géomètres qui avaient obtenu cette concession savaient bien qu'ils s'imposaient un travail long
et pénible. En effet, ils demandaient de mesurer une
chaîne continue de plus de cent triangles, dont les
côtés étaient déduits les uns des autres à l'aide d'observations qui toutes étaient entachées d'erreurs.

Il était souvent impossible de placer les instruments sur les sommets escarpés ou les lieux inaccessibles qui formaient les sommets de leurs triangles.
Bien des fois les lectures d'angles nombreuses, répétées, auxquelles il fallait procéder, devaient être

rendues impraticables par les circonstances atmos-
sphériques les plus diverses, le vent, la pluie, la
neige, le brouillard; en mille occasions les délégués
de la Commission du mètre devaient inévitablement
avoir à lutter contre toutes les forces naturelles,
même dans le cas où ils auraient trouvé un intelligent concours dans le sein de populations recon-
naissantes.

Mais l'adversaire le plus acharné de la Révolution
n'aurait osé prédire que c'était surtout contre elle
qu'il faudrait se mesurer pour achever une des entreprises qu'elle mettait le plus d'orgueil à terminer.

On était cependant arrivé au moment où l'œuvre
était assez avancée pour que le Directoire exécutif
de la République française dût renouveler les invi-
tations que les nations étrangères avaient reçues,
lorsque la Commission du mètre avait été nommée.
On pria tous les peuples civilisés, même ceux qui
faisaient la guerre la plus acharnée à la République
française, d'envoyer à Paris au commencement de
l'an VII leurs délégués pour assister aux opérations
définitives et tirer la conclusion des travaux exécutés pendant près de dix années agitées avec une
persévérance et une assiduité dignes d'une si grande
cause.

Mais à peine l'invitation avait-elle été publiée de
la façon la plus solennelle, que les difficultés de la
dernière heure s'accumulèrent de la façon la plus
menaçante.

Delambre et Méchain, sur qui pesait la responsabilité de la mesure de l'arc de méridien, se virent arrêtés non seulement par la nature, mais de plus par la mauvaise volonté de populations encore affolées, n'ayant pas perdu les habitudes pitoyables de défiance que la Terreur leur avait données.

Cette fois, ils n'avaient plus à trembler pour leur vie, mais pour leur honneur scientifique, qui était en jeu et qui se trouvait également sacrifié, qu'ils présentassent au Congrès international des mesures imparfaites, ou qu'ils demandassent de nouveaux délais pour s'acquitter de leur tâche.

La situation de la France n'était point aussi déplorable qu'au commencement des opérations de la Commission du mètre, mais il fallait encore, même dans ces temps relativement calmes, employer vis-à-vis des populations rurales, toujours promptes à s'alarmer de tout ce qu'elles voient pour la première fois, des ménagements qui empêchaient de se servir des nuits très souvent favorables lorsque les jours sont mauvais. L'influence perturbatrice du temps était donc doublée, parce que ni en France ni en Espagne des lampes ne pouvaient être allumées sans danger.

Delambre avait besoin d'établir une station à Herment, petite ville d'Auvergne célèbre dans les guerres du XVIᵉ siècle, où elle a soutenu avec éclat plusieurs sièges, mais depuis devenue un humble village. Le clocher qui avait servi aux opérateurs de 1740 avait été entièrement démoli, il ne restait plus que la charpente. Delambre imagina de le faire couvrir avec de la toile blanche qui se voyait de très. loin et formait un signal admirable.

L'astronome avait compté sans le *patriotisme* des habitants, qui s'imaginèrent revoir l'étendard abhorré de l'ancien régime.

Prévenu par quelques personnes obligeantes, il fit peindre en bleu et en rouge les deux parties latérales.

Quoi qu'il pût faire, il n'y avait que le blanc qui se vît à distance. Aussi crut-il prudent de provoquer un arrêté de la part des autorités départementales. Celles-ci s'empressèrent de déclarer que les astronomes étaient autorisés à se servir de la couleur blanche, quoiqu'elle fût celle des ci-devant rois, parce qu'elle se voyait de plus loin. Mais cette précaution ne suffit point, parce qu'il survint un événement naturel qui mit en jeu la superstition, puissance, hélas! supérieure à tous les décrets de la terre. Le jour même où un pylône avait été construit, un orage affreux dévastait les environs. Les ruisseaux de la ville étaient changés en torrents furieux. Quand les eaux cessèrent de bondir et de ravager, on trouva les rues encombrées de pierres et de cailloux jusqu'à une hauteur d'un mètre.

De mémoire d'homme on n'avait vu un déchaînement si épouvantable. Tout de suite les ignorants l'attribuèrent à l'influence mystérieuse du signal que les astronomes avaient arboré sur la montagne. Les innocents baliveaux dont ils s'étaient servis furent également rendus responsables des pluies conti-

nuelles qui, pendant plus de deux mois, suspen-
dirent tout à fait les cultures. Il fallut l'intervention
de la force publique pour calmer une effervescence
qui aurait pu devenir aussi dangereuse que celle de
Saint-Denis.

Des scènes analogues se produisaient dans toutes
les régions. C'était Delambre qui faisait la sécheresse
ou l'inondation, qui rendait le soleil trop chaud ou
la bise trop froide. Les Zoulous n'attribuent pas
plus de puissance aux sorciers de l'Afrique australe.

Les lettres que, de son côté, Méchain écrivait à la
Commission du mètre, n'étaient pas beaucoup plus
rassurantes.

« J'ai été, disait-il, arrêté deux mois entiers dans la
montagne Noire sans trouver deux jours où je pusse
observer. Je n'ai terminé la station de Nore qu'à
force de constance et avec des peines infinies. Je
suis au comble de la douleur en voyant qu'il m'est
impossible d'aller plus avant. Je prends le parti de
rester dans cet affreux exil, loin de tout ce que j'ai
de plus cher au monde. Je sacrifie tout, je renonce
à tout plutôt que de rentrer sans avoir terminé ma
portion de travail. »

La Commission avait décidé que l'on ferait assister
les membres étrangers en séance plénière à la vérification de la longueur dont on était parti pour faire
les calculs.

La mesure de la base de Melun, qui semblait
devoir être très facile, se présentait fort mal.

Le 17 vendémiaire an VI, Laplace et Delambre se

rendirent dans cette ville pour placer les signaux. Il se trouva que la route était plantée d'arbres et faisait un petit coude vers le dernier tiers. Il fallut commander des signaux plus élevés que ceux qu'on avait apportés. Les ouvriers mirent tant de mauvaise volonté qu'ils ne finirent leur travail qu'en novembre. Lorsque les signaux furent enfin installés, on s'aperçut qu'ils étaient mal placés. Afin de les apercevoir, on dut couper toutes les branches qui les masquaient. Cette opération si simple dura six semaines. Quand ils furent visibles, on apprit que les règles n'étaient point encore prêtes. Elles n'arrivèrent qu'à la fin de germinal. Lorsque les règles furent arrivées, le temps se gâta; il se mit à pleuvoir, de manière qu'il était impossible de travailler en plein air.

Ces opérations manuelles étaient beaucoup plus pénibles qu'on ne le supposait. Ce n'était pas une mince affaire que de remuer des règles de quatre mètres qu'on devait placer les unes au bout des autres. Par jour complet de travail, on n'avançait que de 360 mètres, et l'on avait à couvrir une longueur de plus de 10 kilomètres.

On avait pensé à mesurer près de Melun une seconde base, qui serait déduite de la première par la chaîne de triangles; mais on comprit qu'il serait de tous points préférable d'effectuer cette vérification à l'autre extrémité du réseau, pour éviter des objections qu'un voisinage par trop suspect n'aurait pas manqué de soulever.

Le temps pressait; aussi Delambre partit immédiatement pour Paris afin d'obtenir les fonds et les autorisations nécessaires.

Mais, quelque diligence qu'il fît, il ne put quitter la capitale qu'au commencement de prairial.

Le voyage fut très long et très pénible, avec une voiture portant tout l'équipage nécessaire à la mesure d'une base. Il n'arriva à Perpignan que le 4 messidor. Il avait mis près d'un mois à atteindre le théâtre de ses opérations.

Le lendemain, les astronomes étaient sur le terrain occupés à placer les signaux qui devaient, comme à Melun, marquer les deux extrémités de la ligne à arpenter manuellement. Cette opération ne prit pas moins de sept jours.

Chaque climat traversé semblait tenir à honneur d'apporter son contingent d'obstacles à cette grande et belle entreprise. Il souffla un vent impétueux qui força d'interrompre les opérations. Elles durèrent quarante et un jours, quoiqu'on ne respectât pas le repos du decadi et que l'on travaillât même pendant les *sans-culottides* : c'est ainsi que l'on nommait les fêtes des cinq jours complémentaires, pour la célébration desquelles certains jacobins affectaient autant de dévotion que de véritables inquisiteurs pour les cérémonies du temps pascal.

Il fallait redoubler d'activité et de persévérance, car Méchain, sur le concours de qui Delambre comptait, n'arrivait point. Il se bornait à écrire une lettre dans laquelle il racontait ses malheurs. « J'ai

fait rétablir tous les signaux, disait-il, et j'ai pris les moyens les plus énergiques pour en assurer la conservation. J'ai écrit aux administrations centrales et municipales. J'ai requis l'emploi des autorités... »
Il racontait que les avis n'avaient pas suffi et que l'intervention de la force avait été indispensable pour protéger le pylône de Montalet. Des artisans de discorde avaient dénoncé les astronomes comme des espions en correspondance avec l'étranger. On avait profité du long séjour que Méchain avait fait en Espagne pour le représenter comme un émigré! Pour terminer les opérations, il fallut établir des sentinelles, comme si l'on était campé en pays ennemi. Mais n'était-on pas en pays ennemi, quoique l'on fût, hélas! en pleine France? Ne sont-ils pas les vrais ennemis de notre patrie les ignorants qui se laissent entraîner à de déplorables excès? Sont-ils Français ces fauves à face humaine qui prennent plaisir à verser le sang de leurs compatriotes, parce qu'ils n'épousent pas leurs opinions?

Le manque d'argent et la précipitation mise aux mouvements de Delambre avaient empêché de se pourvoir de tentes; il lui était impossible de passer la nuit au point même où l'on avait fini d'opérer. Il fallait chaque soir marquer cet endroit de manière à le retrouver le lendemain matin sans la moindre incertitude. Il avait ensuite à remettre les instruments dans leurs boîtes et à les placer en lieu où l'on ne craignît pas les voleurs. Alors il devait regagner pédestrement un gîte souvent fort éloigné.

Enfin, aux obstacles du fanatisme et aux difficultés matérielles venait se joindre la misère. Car l'argent était si rare, que le gouvernement ne répondit que très lentement aux demandes de crédit, et jamais complètement.

Mais l'élan patriotique de Delambre et de ses associés était si grand, que l'on triompha de toutes ces difficultés. Malheureusement ce ne fut pas sans faire attendre pendant deux longs mois les savants réunis à Paris, et le départ officiel pour Melun n'eut lieu que dans les premiers jours de germinal an VII.

Lorsque la Commission du mètre se rendit enfin à la mesure solennelle de la base, elle se composait des membres français, des Espagnols, des Danois, des Piémontais, des Toscans, des Bataves, des Liguriens, des Cisalpins et des Romains. Sauf le royaume de Naples, toute la famille des nations latines se trouvait représentée dans cette grande opération. La fortune souriait aux armes républicaines, et il semblait qu'une ère de prospérité allait faire oublier les orages des années précédentes.

L'expédition d'Égypte ajoutait encore un prestige nouveau à notre puissance naissante. Le monde entier avait donc les yeux fixés sur le dénouement de la grande entreprise scientifique du siècle.

Toutes les parties du travail, y compris la mesure des triangles, la réduction au centre de station, la détermination des réfractions terrestres, celle des températures et des dilatations, furent répétées avec apparat.

Quand on revint à Paris, ce fut pour assister à d'autres expériences destinées à faire comprendre la construction des thermomètres, la fabrication des règles de platine, la construction des verniers et des appareils destinés à prendre les mesures avec une exactitude que la main ne peut réaliser.

On tint à montrer aux commissaires les méthodes de calcul, les procédés de vérification, enfin à les tenir au courant de toutes les parties d'un vaste ensemble d'expérimentations physiques dans lesquelles on apportait la rigueur des déterminations astronomiques.

L'Institut national, nouvellement réorganisé, voulait montrer qu'il appréciait la haute position que la loi constitutionnelle lui donnait dans la hiérarchie des pouvoirs républicains.

Autant la science avait été méprisée, persécutée, vilipendée pendant la Terreur, autant elle s'épanouissait au soleil de la Liberté renaissante.

Malheureusement cette prospérité, « qui avait l'éclat du verre, en avait aussi la fragilité ». La République devait bientôt éprouver que la fortune des armes est journalière, et, malgré leurs toges, nos législateurs étaient loin d'avoir le sang-froid des sénateurs romains mettant à l'encan, après la bataille de Cannes, le champ sur lequel était campé Annibal.

C'est au milieu d'une crise épouvantable, provoquée par des revers militaires, que la Commission du mètre dut clore les solennelles démonstrations scientifiques commencées au milieu d'une série de triomphes.

Devant la première classe de l'Institut, le citoyen Van Swinden donna lecture dans la séance du 6 prairial du rapport sur la mesure et la détermination du mètre. Cinq jours après, le citoyen Tralles prit à son tour la parole pour raconter la détermination de l'unité de poids, qui est, comme on le sait, une partie intégrante du système, mais qui n'a point donné lieu aux scènes dramatiques que nous avons cherché à peindre. Les savants chargés de cette partie du travail n'ayant eu à lutter, difficulté déjà trop grande, que contre les persécutions personnelles, la misère générale et le manque souvent presque complet de moyens d'exécution, nous ne les avons pas suivis dans les luttes quotidiennes dont leurs laboratoires ont gardé le secret.

Ces deux rapports ayant été approuvés successivement par la classe, le citoyen Van Swinden fut chargé de les fondre en un seul travail d'ensemble, de nature à être mis sous les yeux des autorités de la République et soumis à l'appréciation des générations présentes et futures.

Alors le gouvernement directorial, les assemblées souveraines et l'Institut se mirent d'accord pour célébrer avec les formes pompeuses du temps le triomphe des Alexandre et des César de la physique contre les sectaires, auxiliaires quelquefois inconscients, mais toujours dangereux, de l'orgueil des ennemis de la Révolution et des projets liberticides des rois.

Le 4 messidor an VII, la députation de l'Institut fut introduite à la barre des deux Conseils réunis dans la salle des Cinq-Cents, qui étaient en séance permanente depuis le 28 prairial pour délibérer sur les dangers de la République. La situation particulièrement critique de l'État donnait une force particulière à cette solennité pacifique.

Le président de l'Institut prononça un long discours dans lequel il résuma tous les travaux de la Commission du mètre, sans oublier d'insister sur les obstacles moraux que les commissaires avaient eu à vaincre pour arriver au terme d'un aussi grand travail.

L'orateur payait un juste tribut d'éloges aux membres de la Commission du mètre qui n'étaient plus de ce monde pour jouir du triomphe de leurs savants et pénibles travaux : de Borda, qui avait été enlevé aux sciences par une mort prématurée ; de Lavoisier, que son génie n'avait pu sauver de l'échafaud révolutionnaire ; du général Meunier, qui avait été frappé par un boulet ennemi au siège de Mayence.

« L'Institut, s'écrie l'orateur, regrette que l'importance et l'urgence de vos travaux ne lui permettent pas de donner lecture du rapport du citoyen Van Swinden, dont le manuscrit sera déposé aux archives de la République et qui vous sera remis individuellement après l'impression. Vous auriez éprouvé une grande satisfaction en voyant la multitude des précautions qui ont été prises pour niveler cet espace immense de près de dix degrés du méridien, pour trouver un thermomètre qui permît d'apprécier avec assez de justesse chaque température, enfin pour empêcher que la règle qui servait à la mensuration des bases pût être exposée à la plus légère secousse. Vous n'auriez pas été moins frappés de toutes les opérations nécessaires pour mesurer le cylindre qui, en déplaçant une certaine quantité d'eau distillée, a indiqué la mesure des poids.

« Ces précautions si habilement multipliées donnent une idée du degré de sagacité auquel peut s'élever l'esprit humain dans les sciences physiques.

« Après vous les avoir présentés, l'Institut va déposer les prototypes dans les Archives nationales ; ils y seront conservés avec un soin religieux.

« Jamais l'ignorance et la férocité des peuples barbares ne les enlèveront à la vaillance, au patriotisme, aux vertus des républicains.

« Mais si un tremblement de terre les engloutissait, si un coup de foudre les mettait en fusion, il n'en résulterait pas, citoyens législateurs, que le fruit de tant de travaux pût être perdu pour la gloire nationale ou pour l'utilité publique.

« Précisément dans le but d'obtenir un moyen conservateur du mètre, le citoyen Borda a déterminé, avec la plus grande précision, les dimensions du pendule qui bat la seconde à Paris. Des barres de platine ont été préparées pour faire à volonté et partout où on les transportera d'autres pendules de comparaison. »

Jean Debry, qui présidait la séance permanente, répondit à cette harangue avec l'éloquence pompeuse alors en usage. Il félicita chaudement l'Institut, dans la personne de ses commissaires, du succès d'une opération aussi grande qu'intéressante, conçue au milieu de la tourmente révolutionnaire et complétée au moment où des barbares armés contre la République marchaient contre ses défenseurs dans le but d'éteindre toutes les lumières et de ramener le monde aux ténèbres des siècles d'ignorance.

L'orateur termina son discours en invitant la députation aux honneurs de la séance, c'est-à-dire à prendre place dans l'enceinte réservée aux législateurs.

Afin de rendre hommage aux savants étrangers dont le président de l'Institut avait parlé dans les termes les plus flatteurs à la barre des deux Conseils, le citoyen Van Swinden, représentant de la République batave, fut chargé de donner lecture du rapport général; il le fit dans la séance solennelle de l'Institut qui se tint le 15 messidor suivant, sous le dome du palais Mazarin.

Après avoir résumé d'une façon claire et brillante les travaux des commissaires des différentes nations, l'orateur exprima d'une façon noble et touchante l'estime et l'affection que les savants étrangers ayant concouru à la détermination des poids et mesures avaient voués à l'Institut et à la France.

Il insista sur la nécessité de rendre promptement obligatoires les mesures qui venaient d'être déterminées d'une façon définitive pour les peuples de tous les pays et de tous les âges. Enfin il termina par le témoignage d'une vive reconnaissance pour l'étroite fraternité qui a prouvé à ses confrères qu'au sein de la République française tous les membres de la république des lettres ont indistinctement le droit de citoyen.

Le public, nombreux, élégant, enthousiaste, a interrompu à différentes reprises ce discours par les plus vifs applaudissements. Quand l'orateur est descendu de la tribune, la séance s'est trouvée suspendue de fait et l'ordre du jour, qui était fort chargé, n'a pu être épuisé.

Le président s'est trouvé obligé de lever la séance au milieu d'un fragment sur Caton d'Utique que Mercier s'obstinait à lire malgré l'indifférence universelle.

. Le 11 thermidor, une proclamation du Directoire exécutif donna satisfaction à une partie des désirs si noblement exprimés par Van Swinden; le gouvernement de la République décrétait qu'à partir du 21 vendémiaire an VIII on ne pourrait plus se servir que des nouvelles mesures pour la vente des liquides, et que les anciennes dont on avait toléré l'usage seraient réputées fausses et illégales.

Toujours infatigable dans son zèle pour la propagation des connaissances scientifiques, Jérôme de Lalande s'empressa de rédiger dans l'*Annuaire du Bureau des longitudes* pour l'an VIII une notice sur les nouvelles mesures républicaines. Dans un article inséré au *Moniteur universel* du 2 fructidor, il dit très spirituellement :

« Les amateurs seront bien aises de savoir combien l'on a changé la grandeur et l'aplatissement de la Terre. Je comparerai donc les derniers résultats avec ceux qui se trouvent dans la troisième édition de mon *Astronomie*. Mais j'y ferai auparavant la réduction à $9°$ 1/2, degré moyen de chaleur à Paris, par un milieu entre trente années de mesures. C'est aussi la température constante de l'intérieur des caves de l'Observatoire.

« Le résultat est donc que l'aplatissement est 1/134 au lieu de 2/300. Le $45°$ est plus petit de 37 mètres ; le rayon moyen de la Terre a diminué de 2578 mètres. Ce n'est que la valeur de la distance entre l'Hôtel de Ville et la place de la Révolution. »

Nous n'insisterons pas sur les diverses publications de circonstance qui furent encouragées par le gouvernement de la République pour faciliter l'intelligence des principes mathématiques et philosophiques engagés dans la réforme ; mais nous devons une mention toute spéciale à l'ouvrage intitulé *Considérations sur l'état des sciences pendant la Révolution française*, rédigé par J.-B. Biot aussitôt après sa nomination à l'Institut national. L'auteur présente un tableau brillant, éloquent et vrai de tous les efforts des savants français qui, dans cette grande crise, avaient à lutter à la fois contre les barbares du dehors et contre ceux du dedans.

La mesure du mètre occupe en effet la première place dans le travail du jeune physicien, chargé en quelque sorte d'une façon officielle de résumer l'opinion des membres du gouvernement français.

La persécution que les terroristes avaient organisée pour entraver les opérations multiples nécessaires à la constitution du système n'était point oubliée dans l'énumération des triomphes qu'on avait obtenus. Cet acharnement caractéristique était considéré comme un hommage involontaire dans le genre de celui que le vice rend à la vertu, chaque fois qu'il s'environne d'hypocrisie.

La suite de cette histoire complétera ces précieux enseignements. En effet, elle nous montrera l'hostilité d'autres fanatiques s'exerçant par des procédés que n'eussent pas désavoués les plus grossiers partisans de Marat, et mettant en péril les successeurs des astronomes dont les tricoteuses de la guillotine auraient applaudi le supplice. Nous verrons que, quel que soit le drapeau qu'elles arborent, les populations de l'Espagne, des Baléares ou d'Alger sont animées de la même haine que les grossiers obscurantistes en bonnet rouge contre lesquels Delambre, Méchain, Le Français et Tranchot ont eu à lutter.

Mais ce qui doit nous consoler de voir partout les mêmes haines, les mêmes passions brutales, c'est que partout nous verrons les vrais savants tenir tête à ces bêtes féroces et faire preuve du même dévouement à la France, à la physique et à l'humanité.

CHAPITRE XIV

Le gouvernement consulaire commença par faire
parade d'un grand zèle pour le triomphe du mètre.

Dans les dernières séances des Conseils supprimés
par le coup d'État de Brumaire, un représentant
imaginait de frapper une médaille commémorative
des travaux de la Commission. Cette proposition
avait été exécutée sous la seule forme acceptable
avant l'établissement de la Légion d'honneur. Le
ministre de l'intérieur avait envoyé en présent à
chacun des membres une magnifique édition de
Virgile sortie des presses du citoyen Didot l'aîné,
un des chefs-d'œuvre typographiques de l'époque.

Mais lorsque l'Empire eut été proclamé, le nouveau gouvernement se montra moins enthousiaste
vis-à-vis des mesures révolutionnaires. Il commença par abolir le calendrier et même la division
décimale de la circonférence; puis il finit par dissimuler le système métrique proprement dit et par

rétablir les pieds et les livres, ainsi que les pouces et les onces, de sorte que tout ce grand travail n'avait abouti qu'à augmenter la complication.

Toutefois l'Institut national ne pouvait se désintéresser des grandes opérations auxquelles ses membres les plus illustres avaient pris part.

Le plan que Méchain avait ébauché dans son premier voyage en Espagne se trouvait posé comme un magnifique problème, intéressant non seulement au point de vue du mètre, mais encore à celui de la détermination de la figure de la Terre. Laplace avait en effet remarqué que le 45e parallèle partageait l'arc de méridien de Dunkerque à Formentera en deux parties égales, de sorte qu'en mesurant effectivement la partie comprise entre Barcelone et Formentera on pouvait augmenter beaucoup le degré de précision avec lequel on connaissait la surface et la solidité de notre globe.

Méchain ne manquait jamais une occasion pour appeler l'attention du ministère sur la nécessité de couronner l'édifice de la mesure du mètre et, aussitôt que les circonstances politiques le permettraient, de réclamer le concours de l'Espagne pour terminer l'œuvre qu'il avait ébauchée.

Le gouvernement impérial était d'autant plus porté à faire les sacrifices nécessaires, que Napoléon Ier était désireux de saisir toutes les occasions de réunir les deux nations dans de communes opérations. Le prince de la Paix, qui avait alors acquis une influence prépondérante sur l'esprit de

Charles IV, ne demandait pas mieux que de faire preuve de bonne volonté pour une entreprise où l'on n'avait point à craindre l'hostilité de l'Angleterre, et qui flattait le goût réel de son maître pour tout ce qui tenait aux lettres et au progrès des sciences. Quoique faible de caractère, ce monarque était bon et éclairé, animé d'excellentes intentions, et la protection dont il a couvert à différentes reprises la Commission du mètre était un des souvenirs dans lesquels il se complaisait.

Dans le courant de l'année 1803, le Bureau des longitudes reçut enfin les autorisations et les fonds nécessaires pour les mesures complémentaires. Le gouvernement impérial reçut avis que le roi d'Espagne avait désigné M. Rodriguez, membre de l'Académie royale des sciences de Madrid.

Dès son arrivée à Paris, Méchain avait été nommé directeur de l'Observatoire, ce qui était le but légitime de son ambition. Mais son esprit sévère était révolté par le désordre qui s'était introduit dans cet établissement depuis la chute de la dynastie des Cassini. Il avait confié ses mécontentements à la *Correspondance astronomique de Zach*, qui se publiait alors à Gotha. Aux yeux de certaines personnes, c'était un crime irrémissible, une trahison.

Un rival conçut le projet d'en profiter pour lui enlever sa mission. Le Bureau des longitudes eut la faiblesse de nommer à sa place ce personnage dont nous tairons le nom. La jalousie est une maladie qui, envahissant même l'Olympe, peut bien atteindre aussi l'âme des astronomes. Car, malgré la sublimité de l'objet de leurs recherches, ils sont bien loin, hélas! d'être à l'abri de toutes les faiblesses propres à l'humanité!

Esclave du devoir, mais à cheval sur ses droits, Méchain protesta avec une violence et une éloquence indignées. Il obtint gain de cause; le Bureau des longitudes revint sur sa décision le 26 avril 1803. Méchain put partir, accompagné par son ami Lechevalier, bien connu par son voyage en Troade et par un grand nombre d'ouvrages intéressants. On consentit même à lui donner son fils comme adjoint.

Méchain arrive sans perdre un seul jour à Barcelone. Mais on sait combien de tout temps les autorités espagnoles ont été nonchalantes.

Cet homme impétueux, concentré, tenace, qui sent qu'on l'observe, qu'on s'apprête à le critiquer, ne trouve rien de prêt. On a bien mis à sa disposition un brigantin pour le transporter aux Baléares, mais ce bâtiment est infecté de la fièvre jaune.

Plus d'un mois s'écoule pendant lequel Méchain attend une autre embarcation; mais, quand elle arrive, le temps se met à l'orage. Il s'embarque cependant.

Une violente tempête éclate. Pendant plusieurs heures le malheureux astronome peut croire qu'il va être englouti. Mais, décidé à défendre sa vie, il se met au travail comme un simple matelot et finit par prendre le commandement du navire. Grâce aux étoiles qui se montrent, il retrouve la route, que le capitaine avait perdue et finit par atteindre Caprera.

On ignorait dans cet îlot sauvage que la fièvre jaune eût cessé. Les habitants s'insurgent et déclarent que l'astronome français ne débarquera pas. On le fusillera sur place s'il tente de quitter le bâtiment, où il crève littéralement de soif et de faim.

Pendant plus d'un jour les habitants refusent au malheureux équipage l'eau et le pain qu'on leur demandait pour ainsi dire à genoux. Enfin, attendris ou plutôt rassurés, ces sauvages se décident à faire cette aumône intéressée en échange d'un nombre suffisant de réaux.

Cependant l'espoir du lucre les décide à se montrer plus traitables. Ils consentent à laisser visiter leur île par Méchain, accompagné d'un des officiers du brigantin.

Mais, à peine l'impétueux astronome a-t-il commencé sa reconnaissance, qu'il acquiert une triste conviction. Il n'a fait qu'une expédition inutile; aucun des sommets de Caprera ne peut être aperçu des points du réseau qu'il a déterminé.

Force est donc d'aller chercher sur la terre ferme une nouvelle station. Il se décide, après bien des tentatives, à mesurer les éléments d'une base supplémentaire à Oropeza. Mais le pays est coupé par de nombreux cours d'eau qui descendent des montagnes. Dans une de ses explorations il tomba dans un torrent furieux qui faillit l'emporter. Il périssait s'il n'était promptement secouru ; mais rien ne l'arrête, parce qu'il veut revenir en France rapportant triomphalement la mesure d'un arc marin assez étendu pour qu'à lui seul il puisse donner la mesure de la courbure de la terre.

Après avoir choisi sa base nouvelle, Méchain doit choisir aussi les sommets de la chaîne de triangles, susceptibles de la rattacher au réseau.

Dans ces recherches si pénibles, il n'est guidé que par des cartes grossières, imparfaites, dignes du moyen âge, car la science géographique s'est en quelque sorte infiltrée dans le pays de Colomb et de Cortès à la suite des armées de Louis XIV, mais l'art des d'Anville et des Cassini n'y est point pratiqué d'une façon sérieuse. Cette grande et noble nation, qui a donné au monde le nouveau continent, n'a point encore su décrire son propre territoire.

Méchain ne peut avoir confiance que dans ce qu'il voit, dans ce qu'il observe. Aussi, rien que pour arriver au choix des sommets de son triangle, il doit faire 300 lieues par mer et autant par terre !

Tant d'ardeur, de constance charment, séduisent les Espagnols qui en sont témoins. Un officier du navire que le gouvernement royal a mis à sa disposition demande et obtient l'autorisation de suivre dans ses courses de terre le savant français, qu'il admire.

Mais il n'en est pas de même des autorités de Madrid ; celles-ci sont hostiles. Elles cherchent à reprendre, en quelque sorte par mille moyens mesquins, les autorisations dues à un ministre contre lequel conspirent tous ses subordonnés.

Des obstacles administratifs de toute nature viennent compliquer cette mission déjà si pénible. Puis des doutes terribles, cruels, déchirent l'âme de cet homme infatigable, qui, dans son précédent voyage, se délassait de ses travaux en découvrant des comètes avec la précision qu'il savait mettre à toutes ses recherches !

Rien ne montre mieux la position désolante et désolée dans laquelle se trouvait ce martyr de la science que la lettre émouvante qu'il écrivait à un de ses amis :

« Au reste, je vous avoue que, sans désirer la mort, je suis loin de la craindre ; que je la verrais sans le plus léger regret s'avancer vers moi ; qu'elle me serait un bien, une faveur du ciel dans l'état où je suis ; accablé de chagrins de différentes espèces, ayant vu tous les moyens de succès pour ma mission, que le courage et la constance m'avaient fait prendre, s'anéantir successivement ; voyant que ce succès est même plus que problématique, et aussi que, supposant le succès possible , l'éloignement du terme où il pourrait être effectué est si grand, qu'il m'accable, me tue, et que je n'en puis supporter l'idée.

« Ma femme en est désolée au point que j'ai tout à craindre pour sa santé et pour sa conservation. Mon fils, qui est avec moi, sa sœur, qui est à Paris, y perdent les moyens de se faire un état, un sort, un établissement. Après moi ils ne trouveront pas et n'auront point un denier de fortune. Jamais, non jamais, quoiqu'une grande partie de ma vie se soit écoulée dans le malheur, dans les larmes sur les miens et sur moi-même, jamais je ne me suis trouvé dans une position si cruelle, si inquiétante, si déchirante. Cette malheureuse commission dont le succès est si éloigné, beaucoup plus qu'incertain, sera plus probablement ma perte et, ce qui pis est encore, celle de ma famille, mon tombeau et celui de mon honneur... »

A ces maux si cruels, d'autres viennent bientôt se joindre, la maladie. Une épidémie terrible, qui a toujours tant de prise sur des organisations nerveuses, ébranlées, dégoûtées de la vie, assaillies par des chagrins de toute nature, se déclare. La fièvre jaune, qui l'avait déjà arrêté à Barcelone dès ses premiers pas, vient le chercher dans ces régions éloignées, qu'il devait croire au moins à l'abri de toute pestilence. Son domestique et deux officiers qui couchaient sous sa tente sont atteints. Il profite de sa double autorité de père et de chef de mission pour écarter son fils de ce foyer d'infection, mais lui il ne veut pas s'éloigner. Son devoir l'y attache aussi longtemps que ses derniers triangles ne seront point mesurés et vérifiés. Quand il aura accompli son devoir d'astronome, alors seulement il pourra penser au soin de sa santé, alors seulement cet homme, qui portait l'indifférence presque jusqu'à la témérité, songera à prendre quelque repos. Il est

admirablement accueilli par le propriétaire du castellon de la Plana, le baron de la Puebla, un véritable hidalgo.

Quand l'excitation des travaux l'abandonne, Méchain sent combien sont profonds les ravages de
la maladie. Il se demande s'il reverra cette femme
et ce fils qui lui sont si chers, cette patrie pour la
gloire de laquelle il a sacrifié son existence, si des
émules, des rivaux, des jaloux ne tireront pas parti
d'une imperfection de quelques calculs pour détruire l'intérêt qui s'attache à ses travaux.

Les excellents soins dont il est entouré dans cette
hospitalière demeure ont triomphé de cette fatale
attaque. On peut le croire sauvé, s'il consent à
traiter sa convalescence comme il a traité sa
maladie. Mais sa fatale passion l'emporte. Il se lève
la nuit pour observer les astres. Il éprouve une
rechute. Il est perdu... Il le sait et il délire. Il
demande à chaque instant ses manuscrits, ses
manuscrits qui contiennent la preuve de la fatale
erreur. Il ne sait s'il doit les anéantir ou donner
des instructions pour les conserver!

C'est dans ces alternatives effrayantes que l'agonie
le saisit. *Ma femme, mon fils..., triangle*, sont les
derniers mots qu'il ait prononcés!

Quand tout est fini, ce brave et noble Espagnol
est, malgré lui, chargé d'annoncer au fils de Méchain
la fatale nouvelle. Il va lui-même chercher l'orphe-
lin, il l'amène à ces tristes funérailles, il l'aide à
recueillir les papiers et les instruments de la mission.

Toujours bienveillant, cet homme met à la disposition de l'infortuné l'argent nécessaire pour regagner la France.

La tombe de Méchain, construite aux frais des amis qui ont admiré le courage de l'astronome français, et longtemps entretenue avec un soin pieux, existe encore aujourd'hui au castellon de la Plana. C'est là que Mme Méchain, accompagnée de son fils, est venue s'agenouiller. Noble et touchant pèlerinage pour lequel ce jeune homme avait brisé sa carrière scientifique; afin d'avoir la liberté d'aller pleurer son père, ce fils, peut-être trop pieux, avait été jusqu'à donner sa démission de secrétaire de l'Observatoire de Paris.

CHAPITRE XV

Nomination de Biot. — Nomination d'Arago. — Arago au désert des Palmes. — Biot organise les autres stations. — Doutes. — Succès. — Lecture de la lettre de Méchain. — Derniers travaux. — Premier départ de Biot pour la France.

La nouvelle de la mort de Méchain produisit un effet lugubre à l'Institut et à l'Observatoire. Trois longues années s'écoulèrent sans qu'on lui donnât un successeur. Ce n'est qu'en 1807 que le Bureau des longitudes fit reprendre les opérations, interrompues d'une façon si tragique.

Le jeune membre de l'Institut qui avait publié avec tant de succès les *Considérations sur l'état des sciences pendant la Révolution* se trouvait tout naturellement désigné. Non seulement c'était un écrivain éloquent et précis, mais il s'était distingué comme aéronaute en sondant avec Gay-Lussac les profondeurs de l'océan aérien, et il avait donné la mesure de sa sagacité en démontrant que le ciel pouvait laisser choir des aérolithes sur la terre.

Biot choisit comme assistant un jeune homme qui sortait de l'École polytechnique et avait été attaché à l'Observatoire, au Bureau des longitudes, en qualité de secrétaire. Il se nommait François Arago et était originaire d'Estagel. C'était le fils du membre de la commission départementale qui avait été utile à Méchain dans la partie la plus difficile de sa tâche, et le jeune étudiant que Méchain avait voulu détourner de la carrière des sciences, comme si son amour paternel lui avait fait deviner, par une sublime intuition, un rival heureux pour son propre enfant, dans ce petit paysan.

Biot ne pouvait faire un meilleur choix. Il avait eu l'occasion d'éprouver l'ardeur et l'intelligence d'Arago, qu'il s'était associé dans l'exécution d'un grand travail sur le pouvoir réfringent des gaz, entreprise ardue, difficile, qui venait d'être terminée avec succès, à la grande satisfaction de l'Académie des sciences.

Né dans les montagnes, Arago les connaissait aussi bien que les moyens de mesure dont il allait se servir pour déterminer les longueurs des bases, les angles des triangles ou les coordonnées célestes des stations. C'était un grand gaillard, hardi, courageux, éloquent, ayant les qualités physiques que la nature n'avait point prodiguées à Biot, et parlant admirablement le patois catalan, seul idiome en usage dans les campagnes éloignées où la Commission du mètre allait promener ses piquets et ses lunettes.

Un rival de Méchain, celui qui avait failli lui être préféré, avait eu connaissance de la lettre désespérée que l'astronome avait écrite confidentiellement du castellon de la Plana quelques jours avant sa mort. Sous prétexte d'éclairer son jeune confrère sur la nature des obstacles dont il avait à triompher, c'est bien le cas de dire avec le poète : « Tant de fiel entre-t-il dans l'âme des dieux! », il lui avait remis insidieusement ce document. Biot l'avait remercié avec effusion, mais il s'était bien promis de ne confier à personne le secret de la défaillance d'un grand esprit, et de le cacher surtout à ceux qui devaient l'aider dans l'accomplissement de son œuvre. Il partait, plein d'appréhensions, mais en même temps plein d'espérance, sentiments qui peuvent très bien coexister chez les âmes généreuses [1].

Heureuse de voir que le rival de l'époux qu'elle aimait si tendrement n'était point chargé de continuer son œuvre, Mme Méchain montra à Biot sa correspondance intime, ces pages désespérées et lugubres, où il émettait des doutes sur le succès définitif de sa grande entreprise; elle n'eut aucun secret pour le jeune académicien.

Le chevalier était rentré à Paris après la mort de son ami; il avait été nommé un des conservateurs de la bibliothèque du Panthéon, depuis bibliothèque Sainte-Geneviève.

Il donna également tous les renseignements qu'il

---

1. Cette lettre doublement mémorable n'a point péri, elle a été conservée dans les papiers de Biot, et **M.** Lefort, son petit-fils adoptif, en a fait hommage à l'Académie des sciences.

possédait et les compléta par des indications ver-
bales. De sorte que l'habile physicien n'ignorait
aucune des difficultés qu'il aurait à résoudre ni
aucun des moyens qu'il pouvait prendre pour tenter
d'en triompher.

Le départ de Biot fut annoncé dans le *Moniteur
universel*, qui était alors l'organe officiel du gouvernement. Afin de montrer que, si Arago n'était pas
sur la même ligne que le chef de mission, il n'était
pas un simple auxiliaire, sans valeur scientifique, le
ministre fit au jeune astronome l'honneur de le citer.
Mais le compositeur, qui ne connaissait point encore un nom destiné à recevoir un tel éclat, trans-
forma Arago en *Arengo*. Personne ne réclama, et
plus tard, lorsque l'on rédigea la table du recueil
officiel, on fit d'Arengo un personnage qui figura
à son rang dans la liste des noms que l'organe
officiel de l'Empire français avait eu à mentionner.

Le problème que Biot avait à résoudre était d'une
étonnante difficulté technique, et il fallait toute
l'habileté dont il a fait preuve dans toute sa carrière
d'astronome pour concevoir le projet d'en venir à
bout. En effet, il s'agissait de mesurer d'une seule
fois un côté qui n'avait pas moins de 160 000 mètres,
à une époque où l'on ne connaissait ni les lentilles de
Fresnel, qui concentrent la lumière, ni le pétrole, ni
l'électricité. De nos jours, on a considéré avec raison
comme un tour de force la détermination du triangle
à l'aide duquel le colonel Perrier a rattaché l'Algérie à la côte d'Espagne ; le grand côté de ce

triangle n'avait que 270 000 mètres, 110 000 de plus que celui de Méchain !

Biot comptait surtout arriver à l'aide de cette qualité inestimable, que négligent trop souvent les savants pourvus d'une puissante artillerie astronomique et qui se nomme la persévérance.

Pour viser ces points éloignés, il fallait se condamner à monter la garde pendant de longs mois à chacun des trois sommets où les astronomes devaient se transporter successivement avec tous leurs instruments.

Avant de partir pour l'île d'Iviça avec Chaix et Rodriguez, les délégués espagnols, Biot colloqua Arago au désert des Palmes avec une tente et une des trois maisons en planches que Méchain avait fait construire à Barcelone pour les différentes stations.

Le secrétaire de l'Observatoire avait pour demeure une montagne nue, aride, terminée par une plateforme étroite sur laquelle il se promenait comme un lion dans sa cage.

Si l'on appelait ce lieu sauvage le désert des Palmes, ce n'était pas parce que l'on y rencontre ces arbres dont le noble port réveille les idées poétiques, mais parce qu'il y avait en abondance cette broussaille maudite que les colons algériens nomment le palmier nain et les naturalistes *Chamærops humilis.*

La station que Biot choisit à Iviça se nommait Campvay. C'était un pic plus élevé que celui qu'avait adopté Méchain. Ce sommet chauve était formé par une colline blanchâtre qui devait s'apercevoir de très loin. Biot et Rodriguez prirent en location la maison d'un pauvre paysan, seul habitant de ce lieu désolé, qui ne pouvait comprendre que des étrangers vinssent d'au delà des mers pour habiter sa masure.

A cette époque, on était encore excessivement superstitieux en Espagne, où l'Inquisition n'avait point encore été abolie. Ce brave paysan n'était donc pas éloigné de considérer ses locataires comme des sorciers cherchant un lieu sauvage pour y exécuter librement leurs enchantements.

Il parut confirmé dans cette manière de voir quand il vit arriver d'Iviça la cabane et les instruments de la station. C'est en se signant qu'il en approcha pour la première fois.

Mais bientôt il s'apprivoisa et fut pris au service de Rodriguez, qui l'installa à ce second sommet, en compagnie de Chaix et de quatre matelots.

Biot se hâta alors de repasser en Espagne pour choisir le troisième sommet.

Le chef de la mission ne pouvait perdre un seul jour. En effet, il se représentait trop facilement l'anxiété de ses collaborateurs passant leurs nuits à balayer l'horizon pour voir si les signaux dont ils étaient chargés de déterminer la position ne s'illuminaient pas. Il y aurait eu cruauté, inhumanité à prolonger sans nécessité l'attente à laquelle ils étaient condamnés.

Mais Biot ne tarda pas à reconnaître que le fameux

proverbe du prince de Talleyrand, *surtout pas de zèle*, s'appliquait aussi bien à la détermination du mètre, dont il était le premier auteur, qu'à la politique, où excellait son génie cauteleux.

Pour avoir voulu revenir trop vite en Espagne, Biot faillit périr englouti dans la Méditerranée.

La tempête le jeta sur une île sablonneuse et abandonnée appelée *l'Esplanador*. Ce coin désolé n'avait pour habitants qu'une pauvre famille de pêcheurs et le vieux gardien d'une tour défendue par quatre soldats malades, que l'on relevait tous les mois. Jamais on ne vit plus noire détresse. Mais il y avait encore de la vanité dans cette misère. Le gardien de la tour, fonctionnaire de Sa Majesté le roi d'Espagne et des Indes, méprisait les pêcheurs, gens de rien, auxquels il daignait à peine adresser la parole.

Le naufrage de Biot fut une aubaine pour ces malheureux, qui, le gardien de la tour compris, se laissèrent apprivoiser par quelques réaux et aidèrent avec beaucoup de dévouement le frêle esquif à reprendre la mer.

Méchain avait désigné pour le troisième sommet le cap Cullera, dont l'accès est très facile, mais qui n'a que 200 mètres de hauteur. Redoutant qu'une éminence aussi faible ne pût se voir des deux autres sommets, Biot résolut de la remplacer par une montagne un peu plus éloignée de la base, *Palmas-Campvay*, mais ayant 600 mètres d'altitude.

Le Mongo était recommandable non seulement par son élévation, triple de celle du cap Cullera, mais encore par la hardiesse avec laquelle il s'avance dans la mer, à l'extrémité du cap Saint-Antoine.

Il y avait un petit inconvénient qui eût arrêté un observateur moins intrépide. Les habitants avaient oublié d'ouvrir un chemin pour parvenir au sommet. On se mit à en creuser un dans le roc, travail nécessairement fort long et pendant la durée duquel Rodriguez et Arago avaient tout le temps de se morfondre. Heureusement on s'aperçut qu'il y avait un sentier naturel pour pénétrer dans cette espèce de forteresse. C'était au fond d'un ravin tracé par les pluies et les éboulements.

Ce fut par cette espèce de couloir à peine praticable pour des hommes que l'on dut monter les caisses des réverbères, les miroirs, la tente et les planches de la cabane.

On ne tarda pas à reconnaître que ce promontoire escarpé et aventuré au milieu des mers était visité sans relâche par des vents furieux, qui ne permettaient pas d'espérer que la cabane en planches de Méchain pût résister pendant quelques jours. On fut donc obligé de construire à la hâte en pierres sèches une sorte de tanière, que l'on cacha dans une anfractuosité du rocher.

Pendant toute la durée de ces travaux, la patience de l'ermite de *Los Palmas* était soumise à une bien rude épreuve.

Arago n'avait pour se distraire que la conversation de chartreux dont le couvent était bâti au pied de la montagne et qui montaient chaque soir au sommet pour y enfreindre la règle de leur institut, dont le silence absolu forme la base fondamentale.

Ces moines étaient semblables à ceux de *Fra Diavolo*, qui donnent plus facilement leurs bénédictions avec leur escopette qu'avec leur crucifix. Quoique Sa Majesté Catholique fût encore en paix avec la République française, ils brûlaient du désir de signaler leur dévotion en trempant leurs mains dans le sang des Français révolutionnaires.

Par une noble compensation, les pauvres matelots et les paysans en rapports quotidiens avec la mission étaient tout fiers de coopérer au succès de l'opération, dont ils ne saisissaient pas bien la nature, mais dont, par une sorte d'intuition sublime, ils comprenaient admirablement l'importance.

Ces gens simples et bons, habitués à lutter contre les forces brutales de l'atmosphère, se contentaient d'un médiocre salaire. Ils étaient glorieux de vaincre les difficultés qui s'opposaient à l'exécution des desseins des savants. Ces obscurs coopérateurs avaient, sur les champs de bataille de l'astronomie, le véritable élan qui fait que les dignes fils de Galilée remportent de si grandes victoires.

Il y avait aussi dans la région des Français se considérant comme obligés de se dévouer pour le succès de cette grande entreprise, qui, quoique humanitaire, était également nationale.

Non seulement ces patriotes intelligents donnaient tous les renseignements possibles sur l'état du pays et veillaient à l'entretien des stations, mais ils ne craignaient pas de mettre leur bourse au service du gouvernement de leur patrie, à une époque où notre crédit était loin d'être établi sur des bases bien solides.

Ils ne redoutaient pas de se signaler d'une façon spéciale aux ennemis de la France, en prêtant la main à une entreprise dont le but devait être odieusement dénaturé.

Aussitôt que ses préparatifs furent terminés, Biot courut au désert des Palmes pour retrouver Arago et lui demander la position des signaux. Mais le jeune secrétaire de l'Observatoire le désenchanta immédiatement et lui donna l'assurance que, malgré tout son zèle, il n'avait pas pu une seule fois distinguer les feux des stations dont il devait déterminer la situation angulaire, avec une précision rigoureuse.

Cette circonstance était d'autant plus inquiétante que les nuits avaient été très claires et que l'on avait vu plusieurs fois les montagnes d'Iviça s'élever à l'horizon d'une façon nette et bien déterminée.

Si l'on n'avait découvert aucune lueur, c'était par la plus terrible de toutes les raisons, c'est parce qu'elles étaient trop faibles pour qu'on les aperçût jamais. Le grand triangle ne pouvait être mesuré, les astronomes avaient exposé leur vie pour une chimère imaginée par Méchain dans un accès d'enthousiasme confinant à la folie!

C'est avec cette perspective désolante que les

deux astronomes s'épuisaient en consciencieux efforts pour pénétrer les mystères de l'horizon.

Combien de fois, assis au fond de leur cabane, les yeux obstinément fixés sur la mer, n'ont-ils pas, malgré leur enthousiasme, frémi en énumérant toutes les raisons qu'ils avaient pour désespérer du succès!

Combien de fois, en voyant les nuages s'élever du fond des vallées et monter en rampant sur le flanc des rochers, n'ont-ils pas recherché les présages du temps qu'il ferait pendant la nuit!

Le spectacle qui se déroule de ces cimes élevées lorsqu'on regarde du côté de la Méditerranée dépasse véritablement ceux que peut décrire la parole humaine, et semble digne des dieux.

A gauche, le cap Oropeza élève dans l'air ses aiguilles, qui le signalent aux navigateurs. Derrière s'étend, comme un rideau noirâtre, la chaîne de montagnes qui abrite le royaume de Valence du côté du nord. A droite, le Mongo sort du sein de la mer et s'élance d'un jet vers le firmament.

L'observateur est séparé de la mer par un vaste jardin entrecoupé de mille ruisseaux, serpentant au milieu d'orangers, d'oliviers et de citronniers dont la verdure éternelle fait le plus merveilleux contraste avec le sommet blanchâtre de montagnes couvertes de neiges éternelles.

Ni Biot ni Arago n'étaient dans une disposition d'esprit qui leur permît de goûter ce charmant tableau. Leurs yeux, trop préoccupés, ne voyaient ni les tours de Valence, cet heureux séjour d'un peuple indolent et frivole, ni l'ancienne Sagonte, dont les habitants donnèrent la preuve de ce que peut le patriotisme. Leurs regards s'attachaient involontairement sur le castellon de la Plana, où l'auteur du plan qu'ils étaient chargés d'exécuter avait rendu le dernier soupir et où ils cherchaient à discerner son tombeau !

Tout remplis de l'idée fixe qui les prenait à leur réveil et ne les lâchait que lorsqu'ils s'endormaient de fatigue et de désespoir, en voyant qu'ils n'apercevaient aucun signal lointain, ils finirent par s'arrêter à l'idée qu'un ouragan avait arraché les cabanes du Mongo et du Campvay. Ils pensaient que, désespérés, leurs agents et leurs collègues avaient déserté ces hautes cimes; ils commençaient à se dire que le plus sage était de les imiter, de battre en retraite devant des difficultés insurmontables.

Enfin, après deux mois de tentatives inutiles, superflues, désolantes, ils résolurent de recueillir leurs forces pour une suprême inspection qui serait la dernière, car ils ne pouvaient espérer des circonstances plus favorables : le ciel était limpide, et, quand le soleil aurait disparu, la lune ne devait pas venir les troubler.

Après avoir balayé systématiquement l'horizon de la mer dans la direction d'Iviça, ils visèrent la montagne dont la forme rappelait le plus celle de Campvay et ils braquèrent leur lunette dans cette direction, puis ils attendirent avec une impatience fébrile que la nuit vînt étendre ses voiles sur toute la contrée.

Cette fois ils aperçurent une petite lueur, dont l'éclat ne dépassait pas celui d'une étoile de cinquième ou sixième grandeur, mais qui appartenait incontestablement à la terre, car elle ne partageait pas le mouvement de la voûte céleste.

Désormais le succès était assuré, sa conquête n'était plus qu'une affaire de patience. Alors Biot tira solennellement de son sein la lettre de Méchain, et il en donna lecture à Arago. Le jeune homme remercia son chef de ne point l'avoir initié plus tôt à ces doutes terribles, qui auraient paralysé tous ses mouvements. « Jamais, s'écria-t-il dans un moment d'expansion et d'enthousiame, je n'aurais eu le courage de persister si j'avais su que l'entreprise était presque condamnée par le maître dont le génie avait eu l'audace de former ce grand dessein. Si, lorsque les astronomes ont les soleils sous leurs pieds, ils s'intéressent encore aux affaires de ce monde, l'âme de Méchain a dû tressaillir de joie et d'émotion pendant cette grande scène, en voyant l'issue inespérée de notre observation de cette nuit. »

Depuis lors, l'opération, quelque difficile et pénible qu'elle pût être, n'était plus qu'un travail intéressant et attachant.

Souvent la tempête emportait la tente et balayait les stations, mais c'était avec un entrain incroyable qu'Arago allait les rétablir. Ces longues courses périlleuses lui paraissaient un jeu d'enfant. Plus tard, ils furent un des plus agréables souvenirs de sa jeunesse, et c'est avec un plaisir sans cesse renaissant qu'il y faisait allusion dans les derniers temps de sa carrière.

Les astronomes quittèrent cette station au mois de janvier 1807, après y avoir fait un séjour de trois mois et demi.

Heureux du succès désormais certain de leur travail, ils allèrent pendant quelques jours se refaire à Valence, puis ils reprirent leur vie d'étude, car il fallait se transporter également au Mongo et à Campvay.

Arago tenta d'établir une station nouvelle sur la chaîne de la Favoretta, afin de procéder à des vérifications; mais il fut forcé d'y renoncer, à cause d'une circonstance qui peint bien l'état du pays. La montagne était tenue par des brigands qui voulaient rançonner les astronomes en leur vendant à beaux deniers comptants le droit d'aller y faire leurs observations.

Biot crut que ce serait humilier la science que de se soumettre à un semblable trafic, et il se décida à tourner la difficulté.

Les opérations furent terminées comme si la Favoretta n'avait jamais existé, et le grand triangle fut déterminé avec autant de précision que si les brigands avaient tous été déjà garrottés. Pas plus que les terroristes de France, ceux d'Espagne n'avaient pu empêcher la victoire de l'astronomie.

Il ne restait plus qu'à rattacher cette magnifique

triangulation au réseau de Catalogne, ce qui était une opération relativement facile. Malheureusement, un des cercles nécessaires aux opérations de latitude, qui avaient été réservées parce qu'elles sont individuelles à chaque station, avait été perdu pendant tous ces voyages. Biot fut donc obligé de retourner à Paris pour en chercher un autre.

Pendant ce temps, Arago alla s'établir dans la ville de Valence et se reposer de fatigues réellement incroyables, car le rattachement n'avait pu être effectué qu'au milieu des plus dévorantes chaleurs de l'été.

Elles étaient interrompues par des orages et des coups de foudre si violents, qu'Arago fit involontairement ses premières observations d'électricité atmosphérique; c'est alors qu'il conçut l'idée de son grand ouvrage sur le *Tonnerre*, un de ses principaux titres a la reconnaissance de la postérité.

CHAPITRE XVI

Biot revint de Paris avec un naturaliste chargé d'étudier la station d'Iviça, où l'on avait constaté des particularités zoologiques et végétales dignes d'un examen sérieux. C'était, sur une petite échelle, imiter les académiciens du XVIIIe siècle, qui, conduits dans des régions inexplorées par la mesure de la méridienne, avaient rapporté du pôle et de l'équateur tant de documents précieux. La mission scientifique, ainsi renforcée, ne se composait pas de moins de cinq membres, le chef de l'expédition, deux adjoints français et deux adjoints espagnols.

Tout ce monde, ainsi que les aides et les domestiques, alla passer l'hiver à l'observatoire temporaire établi sur la montagne qui s'élève au centre de Formentera. On y prit plusieurs milliers de hauteurs

de l'étoile polaire et l'on y fit une multitude d'observations sur les passages, au méridien, du soleil et
des étoiles.

Quel contraste entre cette existence laborieuse,
isolée, patriarcale et presque monastique à laquelle
des jeunes gens s'assujettissaient par amour de la
science, et les orages terribles déchainés en ce
moment sur toute l'Europe!

La vie des physiciens placés sous le commandement de Biot était une véritable idylle. Le seul jour
de repos pour cette colonie astronomique, établie
sur un cratère en travail, était le dimanche, qui
était, de plus, célébré comme une véritable fête
presque obligatoire et un peu cléricale. En effet, le
curé d'Ivissa, plus instruit que ne l'étaient alors en
Espagne les gens de sa robe, ne manquait jamais
de visiter les savants, avec qui il passait une partie
de la journée. Souvent aussi les rustiques habitants
de cet îlot bizarre et sauvage demandaient la permission de voir, de palper et d'employer les instruments, qu'ils auraient considérés comme les produits d'une entente secrète avec l'ennemi du genre
humain, si le digne ecclésiastique qui dirigeait leurs
crédules consciences ne les avait rassurés. Grâce à
lui, sans inquiétude pour leur salut éternel, ils se
livraient avec une passion puérile à l'inspection de la
mer et de la partie des côtes d'Espagne qu'ils pouvaient apercevoir. Ils poussaient des cris naïfs, que
des sauvages n'auraient point désavoués, en voyant
les navires voguer dans le ciel, les mâts renversés,

et les habitants de la terre marcher la tête en bas. Afin de remercier les étrangers, ils venaient quelquefois chez eux, l'alcade en tête, danser le fandango. Ils se livraient à cette tarentule au son d'une musique bizarre, composée d'un fifre, d'un tambour et des inévitables castagnettes. D'autres fois ils remplaçaient ces dernières par le cliquetis d'une grande lame d'épée semblable à celle de don Quichotte, que le représentant de l'autorité royale ne dédaignait pas de frapper en cadence avec un morceau de fer qu'il avait apporté dans son gousset.

Les danses, auxquelles les astronomes et le délégué du Jardin des Plantes de Paris prenaient part avec un entrain tout à fait *naturaliste,* se prolongeaient fort avant dans la nuit. Quelquefois l'aurore venait surprendre les savants sacrifiant à une muse qui n'a pas d'autels à l'Académie.

La détermination de la latitude de Formentera était le dernier acte de la mesure de la méridienne; mais Biot ne considérait pas que sa tâche fût finie, puisqu'il s'était promis d'exécuter les mesures supplémentaires proposées par Méchain, et qui, quoique n'ayant aucune influence sur la mesure du mètre, n'en étaient pas moins fort intéressantes : elles devaient être utiles au développement de la haute géodésie, science alors exclusivement française, et qu'aucune nation rivale ne peut nous refuser d'avoir créée.

En effet, si, à force de dévouement et d'intelligence, on parvenait à relier par un réseau trigonométrique Majorque à la côte d'Espagne, cette seule opération donnait la connaissance d'un arc de parallèle dont la longueur était de trois degrés; c'était presque le quart du nombre de degrés que contenait l'arc du méridien compris entre Formentera et Dunkerque. On connaissait d'un seul coup, sans calculs de réductions au niveau de la mer, sans crainte d'influences locales, le rayon du parallèle de Formentera avec autant de précision que le rayon du méridien.

Enflammé par l'espérance de réaliser une opération aussi merveilleuse, avec une rapidité qui tient plus de la magie que de la science, Biot eut bientôt triomphé des difficultés tenant à la faiblesse des signaux, à la difficulté d'apercevoir des lumières à des distances si prodigieuses. Il détermina rapidement tous les angles nécessaires au calcul des triangles. Il accumula dans son portefeuille les mesures qui lui permettaient de terminer ses calculs à Paris, dans son cabinet.

Il était encore sous l'impression de ce grand succès qui justifiait les prévisions de Méchain, de ce martyr de la géodésie française, lorsqu'il vit arriver dans le petit port de Formentera un chebec avec un équipage arabe, appartenant à la marine d'Alger.

C'était la Providence qui lui envoyait cette bonne fortune au moment où il venait de conquérir les éléments de la détermination de la forme de la Terre, de la solution de ce grand problème que Laplace cherchait à déduire des plus profonds calculs de la mécanique céleste, qu'il demandait aux mouvements du Soleil et à ceux de la Lune habilement combinés.

Les rapports intimes ne pouvaient jamais être bien sûrs entre une nation qui cherchait à réaliser sur la terre l'idéal de la justice et de la vérité, et un gouvernement dont l'industrie principale était de rançonner toutes les puissances civilisées.

Mais dans ce moment il n'y avait guère que des corsaires à qui un savant français pût se fier pour traverser le bras de mer qui, après avoir été utilisé pour sa gloire, était le seul obstacle qui le séparait de sa patrie, car l'Espagne, quoique frémissante, n'avait point encore pris feu, et Biot pouvait encore utiliser les routes de terre sans avoir à redouter le poignard des assassins.

Le chef de la mission du mètre se décida donc à s'embarquer seul à bord de ce misérable navire, après avoir laissé à son lieutenant les pouvoirs nécessaires pour diriger l'expédition avec toute l'autorité dont il était armé, et l'ordre de compléter les opérations à Palma, sur la montagne qui se nomme le gap de Palazzo.

Arago n'avait plus qu'à prendre les mesures astronomiques nécessaires pour déterminer avec une précision irréprochable la latitude et la longitude des stations extrêmes de l'arc de parallèle à la mesure duquel de si grands intérêts scientifiques étaient dorénavant attachés.

Parmi les pièces que Biot laissa aux mains de son successeur était le sauf-conduit qu'il avait obtenu à grand'peine de l'amirauté britannique et auquel il attachait un grand prix; mais, en réalité, cette pièce n'avait d'autre valeur que de prouver d'une façon vague l'intérêt tout platonique que S. M. Britannique disait porter aux opérations d'une commission scientifique française. En effet, c'était un passeport autorisant d'aller à Falmouth pour pousser vers le nord la mesure du méridien. Il lui confia en outre un document qui semblait plus sérieux : c'était un ordre ministériel signé du prince de la Paix, en vertu duquel le brigantin de la marine royale qui était encore dans le port devait le mener où il voudrait.

Le Barbaresque était disposé à s'acquitter de sa promesse aussi honnêtement qu'un marin de la paisible Hollande. Mais la guerre maritime, allumée par la rupture de la paix d'Amiens, sévissait avec une vigueur inouïe, et ces mers n'étaient pas plus sûres que ne l'étaient celles de la Chine et du Tonkin avant l'arrivée de nos dernières expéditions. Non seulement les eaux de France et d'Espagne étaient courues par des croiseurs anglais et des corsaires appartenant aux différentes nations belligérantes, mais de véritables pirates appartenant à des pavillons neutres profitaient de l'incertitude des relations internationales pour écumer la mer à leur profit particulier et se jeter sur le plus faible, à quelque nation qu'il appartînt.

A peine les côtes de Majorque avaient-elles disparu, que Biot s'aperçut qu'il était suivi par un navire admirablement taillé pour la course et qui se rapprochait visiblement.

Quand il fut à portée, ce bâtiment arbora le pavillon anglais, qu'il assura par un coup de canon à boulet. Le projectile vint tomber dans l'eau, à proximité de l'algérien, pour lui bien montrer ce qui l'attendait s'il continuait à filer.

Le reïs, qui n'était pas de force à lutter, ne songea pas à donner raison au proverbe *Corsaire contre corsaire*. Il abaissa sa voile, amena son pavillon, et attendit l'embarcation que le capteur lança à la mer avec trois hommes d'équipage.

Dès qu'il fut à bord, l'officier qui commandait le canot ne fit aucune difficulté pour dire qui il était, ni surtout ce qu'il voulait.

Le navire appartenait au port de Raguse et travaillait pour son compte. Il savait bien que le chebec n'avait en lui-même aucune importance, mais il voulait voir si la cargaison valait par hasard la peine d'être ramassée.

Sa surprise fut grande quand il s'aperçut qu'il y avait à bord un passager français; après l'avoir honoré d'un grand coup de chapeau, ce que ne font pas toujours les corsaires, il lui demanda avec une politesse un peu ironique de vouloir bien lui dire qui il était, et de prendre la peine de lui mettre sous les yeux les pièces qu'il pouvait avoir à l'appui de ses allégations.

Tout en parlant de la sorte, ce forban si poli caressait, non sans affectation, un magnifique pistolet qu'il portait à la ceinture. Ne pouvant plus exciper du sauf-conduit qu'il avait laissé entre les mains d'Arago, Biot chercha à suppléer à cette pièce en montrant à son cynique interlocuteur les instruments qu'il rapportait en France et qui témoignaient de la nature de ses occupations. Il se mit en devoir de lui faire comprendre qu'il était un astronome travaillant pour le perfectionnement de la science dont tous les navigateurs ont tant besoin, celle d'Uranie.

Mais l'officier pirate ne laissa pas à l'académicien français la peine d'achever. Il lui dit qu'il était bien fâché de faire savoir à un aussi grand savant qu'on allait le conduire à Oran, parce qu'il s'y trouvait un pacha qui aimait beaucoup à avoir des savants dans son bagne, et qui donnerait un nombre raisonnable de piastres pour avoir l'honneur d'enchaîner un homme d'un aussi grand mérite. Il avait déjà acheté fort cher un médecin et même un apothicaire que son capitaine avait eu l'honneur de lui vendre, et nul doute qu'il ne tînt à compléter son assortiment.

Quand Biot vit que les choses tournaient de la sorte, il demanda au corsaire si l'offre de quelques onces d'or ne pourrait pas changer ses fâcheuses intentions.

Celui-ci répondit avec un gracieux sourire que, s'il en était ainsi, les choses pourraient s'arranger à la commune satisfaction des parties.

Biot retira donc ses bottes, où il avait glissé son petit trésor, et le mit dans la main du corsaire, qui, après l'avoir fait jurer sur l'honneur qu'il n'avait plus

de cachette, fit glisser les pièces dans son gousset
en disant qu'il s'en tenait à la parole d'un aussi par-
fait gentilhomme ; cependant il le pria, dans son intérêt, de vouloir bien prendre la peine de descendre
dans le canot pour passer à bord du bâtiment à l'état-
major duquel il appartenait.

« Mon capitaine, dit l'officier pirate, m'en voudrait
toute la vie de laisser un seigneur comme vous à
bord de ce mauvais chebec, qui ne vaut pas la peine
qu'on le capture et qui fait eau de toutes parts. Nous
allons nous-mêmes vous mener à la côte d'Espagne,
et mon capitaine sera heureux de faire votre connaissance. »

Les choses se passèrent du reste de la façon la
plus correcte. Le capitaine fut charmant et fit mettre toutes voiles dehors pour que Sa Seigneurie
arrivât le plus vite possible à la côte d'Espagne. Il
le pria de l'excuser, s'il ne la déposait pas dans un
grand port, « mais il avait pour préférer les petites
criques des raisons qu'elle comprenait aisément ».

Le point que le Ragusain choisit pour débarquer
son passager était dans les environs de Denia. La
plage semblait déserte, mais à peine la chaloupe
était-elle écartée de quelques encâblures, que Biot
vit surgir de derrière un taillis les limiers de la
commission sanitaire, qui, suivant la mode em-
ployée en pareille circonstance, le mirent en joue
pour l'empêcher d'approcher, et parlementèrent en
le tenant à distance respectueuse.

Quoique le corsaire de Raguse n'eût pas laissé à

Biot un seul maravédis, on lui fit crédit sur sa bonne mine; on lui donna ce dont il avait besoin pour passer une quarantaine, que l'on abrégea autant qu'il fut possible.

Le temps était splendide et la côte sur laquelle les Ragusains avaient débarqué Biot était très boisée. On l'avait par un heureux hasard amené dans l'ancien parc d'un château ayant appartenu au duc de Medina-Celi, et qui devait avoir été magnifique, autant qu'on en pouvait juger par l'étendue que semblaient avoir occupée les ruines. Car ces ruines elles-mêmes « avaient péri », suivant la magnifique expression du poète; il n'en restait plus guère d'autres traces qu'une vieille statue couchée dans l'herbe et renversée sur le dos; ce marbre déchu représentait un guerrier du moyen âge armé de pied en cap. L'astronome français se servait sans façon de ce héros, qui aurait mis en fuite des Maures, comme d'un pupitre pour mettre en ordre les notes innombrables qu'il avait conservées.

C'est dans cette retraite paisible qu'il put se rendre compte de l'heureuse inspiration qu'il avait eue de profiter de la présence du chebec algérien pour rentrer en France. En effet, les événements politiques avaient pris tout à coup une tournure si menaçante, qu'il aurait fallu être aveugle pour ne pas reconnaître qu'on était à la veille de quelque effroyable tragédie.

En voyant la manière dont des étrangers reçus en alliés traitaient les princes de la maison souveraine à laquelle ils étaient profondément attachés, et les projets que Napoléon nourrissait évidemment contre leur indépendance nationale, les Espagnols s'étaient émus; un courant d'inquiétude et de désaffection s'était emparé des esprits. La foi catholique devenait une arme terrible, que l'Angleterre hérétique exploitait en dépit de Luther et de Henri VIII.

L'orage grondait de toutes parts, sur les places publiques aussi bien que dans le fond des couvents. Les Français qui avaient accompagné le grand-duc de Berg de l'autre côté des Pyrénées semblaient à la veille d'éprouver le sort des Angevins à Palerme.

Biot revint à Paris, fort heureux d'avoir échappé à des ennemis pires que le corsaire ragusain, mais profondément alarmé sur le sort de la mission française et du jeune astronome qui en avait pris le commandement.

Mais Arago n'eut pas à se plaindre d'avoir été délaissé au milieu de cette épouvantable tempête. En effet, c'est grâce aux événements extraordinaires qu'il traversa que son nom acquit une célébrité précoce, et qu'à un âge où ses émules avaient encore à lutter contre les difficultés qui entourent les débuts d'une carrière scientifique, il put donner un libre vol à son génie.

Il s'était toujours promis de raconter avec détail ces aventures étranges; mais, entraîné par mille soucis différents, il n'a pu laisser, sous le titre d'*Histoire de ma jeunesse*, qu'une esquisse qu'il avait certainement l'intention de compléter.

Ayant eu la bonne fortune de mettre la main sur l'ouvrage qu'a publié Mme Broughton, fille du consul d'Angleterre qui a habité Alger pendant le séjour d'Arago, nous croyons pouvoir donner au lecteur des détails tout à fait inconnus sur une partie si intéressante de la vie du grand homme à la mémoire duquel nous sommes resté profondément attaché, par reconnaissance, par patriotisme et par admiration. D'un autre côté, M. Freycinet, ministre des affaires étrangères, a bien voulu rendre une décision en vertu de laquelle nous avons été admis à prendre connaissance des volumineux rapports rédigés par M. Dubois-Thainville sur les événements dramatiques qui se sont passés dans la Régence pendant que l'illustre astronome recevait une généreuse hospitalité dans sa maison. Nous avons donc eu à notre disposition une série de documents nouveaux, qui nous permettront de faire assister nos lecteurs aux épisodes les plus caractéristiques de la vie des corsaires, dont certains historiens ont cherché à réhabiliter les bagnes, dans un but facile à comprendre chez des auteurs allemands, mais moins aisé à saisir de la part d'écrivains nés sur la rive gauche du Rhin. En effet, la destruction de ce nid de forbans est un des actes les plus glorieux dont notre France ait à s'enorgueillir. C'est le legs touchant fait à la patrie de Jeanne d'Arc et de Bayard par un monarque chevaleresque, qui a eu le tort de se tromper de siècle, mais qui au moyen âge aurait été probablement un héros.

CHAPITRE XVII

Arago rapporte dans l'*Histoire de ma jeunesse*
comme une circonstance secondaire un détail qui
montre tout le mérite qu'il avait à accepter la suc-
cession de Biot.

Pendant que le chef de la mission était retourné à
Paris pour en rapporter les instruments indispensables, le travail ayant été forcément interrompu,
Arago avait passé la mauvaise saison à Valence. Il y
avait trouvé le même accueil empressé que l'année
précédente. Il aurait pu croire que les événements
de Bayonne n'avaient point altéré les bonnes dispositions de ses nombreuses connaissances.

Mais, un certain jour, une nouvelle étrange se répandit. Des hommes bien renseignés avaient appris
de source certaine que l'armée française avait été
anéantie par la Prusse dans une grande bataille.

Sous Napoléon Ier, l'imagination espagnole, en avance de 70 ans, avait pris Iéna pour Sedan!

Aussitôt les mines gracieuses s'allongèrent, les plus chauds amis oubliaient presque de saluer, les causeurs les plus spirituels ne savaient plus dire deux mots. Dans les rues, le changement d'attitude prit une forme plus brutale. Des rassemblements tumultueux se formèrent, on poussa des cris injurieux pour l'Empereur et des clameurs menaçantes contre les Français. Des scènes de meurtre allaient éclater avec une violence désordonnée; heureusement la vérité avait été connue au moment où les autorités allaient passer leur sanglant Rubicon.

Les fonctionnaires, qui tous avaient donné les signes les moins équivoques d'une joie indécente, déployèrent une activité surprenante pour éviter une catastrophe qui les eût laissés en présence d'un vainqueur irrité. Ils publièrent le récit de cette admirable bataille dans laquelle la Prusse fut littéralement pulvérisée, avec un empressement que les préfets de l'Empire n'ont point égalé. Tout rentra dans l'ordre avec une rapidité si prodigieuse, que Neptune aurait eu le droit d'être jaloux de ce *quos ego.*

Arago était suffisamment averti de l'intensité de ce feu qui couvait sous la cendre; mais à Majorque, comme à Paris lorsqu'il marcha contre les barricades de juin, il était, avant tout, l'homme du devoir. Il s'installa dans l'observatoire de Palma; sans daigner s'apercevoir que ses aides trouvaient mille prétextes pour l'abandonner, il commença ses observations. Indifférent aux dangers qui l'entouraient de toutes parts, sa pensée sereine ne s'occupait que des choses du ciel. Presque jamais il ne daignait braquer sa lunette sur la terre, afin de voir ce qui se passait sur la plage.

Pendant qu'il suivait les étoiles circompolaires afin de déterminer la place exacte de leur culmination, la révolution antifrançaise grandissait sur le continent, franchissait le détroit et s'établissait graduellement dans les Baléares.

La populace commença par des grands personnages qu'elle croyait favorables au prince de la Paix, dont le crime irrémissible était d'être soupçonné de soutenir la France. On s'empara des voitures de l'évêque, puis on passa à celles du ministre Soller, et l'on finit par saisir les carrosses de simples particuliers que leurs richesses rendaient suspects. Tous les jours on en faisait des autodafés, précédés par une promenade à travers les principales rues de Palma.

On se fût certainement porté à d'autres excès, si la présence d'une flotte espagnole n'avait modéré les transports des mutins le plus disposés à se mettre en révolte ouverte. De temps en temps quelques agitateurs soupçonneux avaient bien dénoncé les signaux que les astronomes faisaient au continent. Les plus exaltés avaient déclaré qu'ils savaient pertinemment que ces lumières étaient destinées à l'armée d'occupation de la Catalogne, que, sous prétexte de la mesure de la méridienne, on tenait ainsi les Français au courant de tout ce qui se passait.

Mais le plus pressé était de se livrer à des manifestations tumultueuses contre les amis de Napoléon que l'on tenait sous la main.

La foule en fureur ne peut suivre à la fois deux objets différents. Elle avait donc momentanément oublié les astronomes, les meneurs ajournant le moment où ils s'occuperaient des espions de la montagne jusqu'au jour où ceux de la plaine auraient reçu le châtiment qu'ils leur réservaient.

Mais, le 27 mai 1808, un événement imprévu vint réveiller des soupçons, qui devinrent aussi dangereux que ceux que Delambre et Méchain avaient excités.

M. Berthemie, officier d'ordonnance de Sa Majesté l'Empereur, arriva à Palma, chargé d'une mission importante. Cet officier apportait, à l'amiral espagnol qui commandait aux Baléares, l'ordre de mener sa flotte dans le port de Toulon, afin qu'elle pût combiner ses mouvements avec les navires français qui y étaient déjà réunis.

Dès que la populace fut avertie de la nature de la mission du colonel, sa colère se tourna naturellement contre le brave officier, qui était arrivé sans escorte, comme il l'eût fait dans un port de France.

Le capitaine général vit bien qu'il serait impuissant pour le protéger contre ces forcenés. Il prit donc le parti, sévère en apparence, mais en réalité fort humain, de le faire incarcérer dans le fort Belver, où il serait provisoirement en sûreté.

Fière d'avoir obtenu un premier résultat, la populace pensa alors au complice de Berthemie, à l'astronome qui faisait des signaux du haut de la montagne et qui n'allait pas manquer d'avertir son gouvernement de ce qui venait de se passer à Palma.

Les meneurs déclarèrent qu'il était urgent de s'emparer de sa personne, et organisèrent une expédition pour l'arrêter, si l'on ne trouvait plus commode de le massacrer sur place.

Comme il arrive toujours en semblable circonstance, les furieux se mirent en marche d'une façon tumultueuse. Rien n'était plus terrifiant et plus grotesque à la fois que cette horde aux instincts sanguinaires, mais dont les accoutrements bizarres laissaient bien loin en arrière les plus pittoresques haillons des communards. Hommes, femmes et enfants au teint bronzé, aux cheveux hérissés, la plupart pieds nus, presque tous couverts de loques informes, marchaient dans un désordre digne du pinceau d'un Murillo. Guidés par des moines et des brigands à soutane, ils se pressaient derrière la bannière royale d'Espagne, en poussant des hurlements pareils à ceux des sectaires qui adoraient le saint cœur de Marat.

Comme personne ne montait plus à l'observatoire depuis quelques jours, Arago eut l'idée de descendre à Palma pour avoir l'explication de cet isolement. Quelle ne fut pas sa surprise en rencontrant une bande débraillée qui gravissait la montagne en poussant de furieuses clameurs!

Ayant eu le loisir d'apprendre le patois mayorquin, le jeune astronome se hasarda à adresser la parole à quelques-uns des révoltés et comprit que c'était lui-même qu'on allait chercher. Afin de mieux empêcher ces furieux d'apercevoir qu'ils l'avaient sous la main, il les engagea vivement à continuer leur patriotique entreprise; mais, devinant que la foule, furieuse de ne pas avoir réussi, et décidée à le découvrir à tout prix, ne tarderait pas à revenir dans la ville, il ne songea plus qu'aux moyens de quitter un pays si dangereux.

Son premier mouvement, un peu naïf, fut de se rendre à bord du navire que le gouvernement espagnol avait mis à sa disposition, et il pria tout simplement l'officier qui le commandait de le conduire à Toulon. Mais celui-ci répondit froidement à l'astronome que le gouvernement dont il se prévalait n'existait plus, qu'il avait été détruit par une insurrection, et qu'il ne connaissait plus qu'un chef de l'État, le capitaine général des Baléares, que c'était à ce personnage qu'il devait s'adresser.

Quand Arago vit qu'il ne pouvait décider *son* capitaine à prendre la mer, il changea de langage et le pria de vouloir bien procéder à son arrestation, afin de lui procurer l'hospitalité dans un cachot du fort Belver, où il irait rejoindre le colonel Berthemie.

Le prudent commandant ne voulut même pas prendre sur lui de se rendre à une demande si modeste ; toutefois il consentit à garder Arago à son bord, et il s'empressa d'envoyer au capitaine la requête de cet étrange fugitif, qui ne voyait de salut que dans une rapide incarcération.

Malheureusement tous ces pourparlers avaient amassé sur le quai une foule qui, avec l'instinct carnassier des masses excitées, avait deviné qu'il se passait quelque chose d'extraordinaire. Quand Arago sortit du navire avec son escorte pour se rendre au fort Belver, l'agitation était à son comble.

Des vociférations, des injures et des cris de mort s'élevèrent de ce rassemblement tumultueux, dans lequel se trouvaient quelques forcenés qui avaient fait partie de l'expédition de la montagne. Un d'entre eux reconnut le jeune homme qui les avait mystifiés. Cette découverte le mit dans un tel accès de colère, qu'il se précipita sur Arago ; malgré les efforts des gardes, il lui lança un coup de poignard.

Arago vit le mouvement et eut la présence d'esprit de se détourner vivement, de sorte que la lame qui aurait dû le transpercer ne le toucha que légèrement à la cuisse. Il comprit cependant qu'il était blessé, non seulement à cause du froid de l'acier, mais parce qu'il sentit l'humidité que produisait la blessure. Il se donna bien garde de dire un mot, de faire un geste, de pousser un cri d'où l'on pût conclure qu'il avait été touché. En effet, un instinct sûr lui disait que les masses en fureur ressemblent au tigre, dont la rage acquiert des proportions formidables une fois qu'il a senti l'odeur du sang !

Il y a dans l'ignorance et la bestialité une sorte de similitude infernale qui fait que ces passions brutales prennent partout une forme identique, ne différant que pour l'observateur léger et irréfléchi. Cette populace violente et cruelle n'obéissait-elle pas aux mêmes élans de fureur irréfléchie que les paysans auxquels Méchain et Delambre avaient si difficilement échappé? Ces superstitieux insurgés, qui suivaient la robe des moines sanglants, n'agissaient-ils pas, ne pensaient-ils pas de la même manière que les sans-culottes guidés par de fanatiques Jacobins?

Nous dirons même franchement que l'acharnement des brutes à figure humaine qui voulaient déchirer Arago était, sous certains points de vue, beaucoup plus excusable que l'exaspération des paysans de France, tant de fois désireux de souiller leurs mains par le meurtre des missionnaires de la science, moins coupable que la fureur froide des hommes instruits qui sacrifiaient la vérité, la justice et l'humanité aux intérêts égoïstes d'une éphémère popularité.

Ni ces inquisiteurs en bonnet rouge, ni ces révolutionnaires en soutane ne travaillaient, en réalité, pour leur opinion, pour leur Dieu, pour leur patrie!

Les événements terribles que les uns et les autres étaient également habiles à provoquer, ne prouvaient en réalité qu'une chose. Nulle part il ne se trouve un sanctuaire, impénétrable aux plus viles et plus basses passions humaines, où trônent des sentiments tellement divins, des vérités si miraculeusement lumineuses, que des scélérats ne trouvent jamais le moyen de s'en faire une arme, pour faciliter l'exécution de leurs projets.

Le gouverneur de Belver était un vieux grognard qui avait fait la guerre en 1776 contre les Anglais. Froissé, comme tous les Espagnols, par les résultats de la politique envahissante de Napoléon, il ne confondait pas toute la nation française avec l'Empereur, dont son patriotisme avait à se plaindre.

Quoiqu'il fût esclave de la consigne et peu disposé à adoucir les règlements de la prison en faveur des détenus qui lui arrivaient escortés par l'émeute, il se serait fait hacher en morceaux plutôt que de les livrer. Il écrivit donc au capitaine général pour le prévenir que sa garnison de soldats espagnols lui paraissait peu sûre, et il priait Son Excellence de vouloir bien la remplacer par une compagnie de gardes suisses.

Ainsi que tous les Espagnols instruits et intelligents, l'astronome Rodriguez ne pouvait s'empêcher d'éprouver des sympathies réelles pour la France, et surtout pour les captifs français du fort Belver. Il ne craignit donc pas de se compromettre en venant les voir régulièrement et en leur apportant des nouvelles.

Hélas! elles étaient de plus en plus tristes, de plus en plus menaçantes; il n'y avait de toutes parts que des bruits de guerre, de complots, de massacres et de représailles! Il semblait que le jour était proche où les portes de leurs cachots ne seraient plus un abri suffisamment efficace.

Rodriguez résolut donc de tenter une démarche décisive. Il se rendit chez le capitaine général pour lui faire comprendre qu'il assumait une responsabilité terrible, dans le cas où l'émeute triomphante arriverait à tremper les mains dans le sang des Français du fort Belver. Car l'un d'eux était un brave soldat dont jamais l'Empereur ne laisserait le trépas impuni, et l'autre un jeune savant dont la mort vouerait le nom du capitaine général à l'exécration de la postérité la plus reculée.

Certainement les révoltés pouvaient espérer l'impunité d'un moment, mais, pour être un peu lente, la vengeance n'en serait certainement que plus sûre. En effet, le roi Joseph venait d'être proclamé à Madrid même, et il était à prévoir que l'Empereur lui-même viendrait au delà des Pyrénées, amenant avec lui la victoire qui sous son règne avait toujours été la fidèle amante des Français.

Le colonel Berthemie avait reçu sur les champs de bataille de vieilles blessures qui s'étaient réouvertes. Il crachait le sang, et l'on pouvait croire qu'il ne tarderait point à succomber. Quel ne serait pas l'embarras du capitaine général s'il avait à rendre compte de la mort d'un officier appartenant à la maison militaire de l'Empereur? Comment pourrait-il démontrer que cette catastrophe n'avait point été amenée par de mauvais traitements, peut-être même par le poison?

Il fut donc convenu que le capitaine général fermerait les yeux sur les démarches que Rodriguez ferait, afin de noliser un petit bâtiment sur lequel les deux captifs s'embarqueraient. Si cette tentative amenait quelque catastrophe, le capitaine général pourrait s'en laver les mains.

Il n'y avait plus à songer au brigantin, dont le capitaine n'aurait jamais consenti à lever l'ancre sans un ordre exprès du gouvernement. Arago eut l'heureuse inspiration de conseiller à Rodriguez de faire des ouvertures au maître d'équipage, qui lui était tout dévoué et qui, comme les vieux matelots, était un homme de ressources.

Après avoir réfléchi pendant quelques instants, celui-ci proposa un plan qui était aussi simple que hardi et qui, par conséquent, avait toutes les chances pour réussir.

A la suite de quelque sinistre maritime récent, la mer avait rejeté sur le rivage une barque à moitié pontée, qui était en très mauvais état, mais qui pouvait à la rigueur être renflouée. Le brave maître d'équipage demanda au capitaine du brigantin la permission de réparer cette épave et de s'en servir pour aller à la pêche. Comme il n'était pas du tout probable que le navire dût prendre de sitôt la mer, le capitaine accorda sans difficulté l'autorisation demandée, à condition qu'on apporterait à son bord une partie du poisson qu'on prendrait au large.

Aussitôt le maître d'équipage se mit à l'œuvre, et

au bout de deux ou trois jours de travail il était prêt à mettre à la voile.

Le 28 juillet 1808, Berthemie et Arago, qui la veille avaient été prévenus par Rodriguez, sortaient silencieusement du fort Belver, espérant profiter des dernières lueurs du crépuscule pour gagner le rivage sans être aperçus.

A peine avaient-ils franchi le seuil de ce donjon, qu'ils y voyaient arriver la famille du ministre Soller, qu'on venait d'arracher non sans peine à la fureur de la populace. Les malheureux avaient leurs vêtements en lambeaux et portaient les traces des mauvais traitements qu'ils avaient déjà essuyés.

Les deux amis ne purent retenir un frisson en songeant au sort qui était sans doute réservé à leurs infortunés successeurs. Combien ils trouvèrent doux l'air qu'ils respiraient hors de ces cachots ténébreux! mais, hélas! ils n'avaient devant eux qu'un avenir après tout bien sombre. Car ils savaient que la fragile barque à laquelle ils allaient confier leur fortune n'allait point les conduire dans leur patrie. C'était vers Alger, ce nid de pirates dont le nom excitait de si vives craintes dans toutes les régions méditerranéennes, qu'ils allaient chercher un refuge. Le seul port qui leur fût ouvert, c'était celui que toutes les nations civilisées s'accordaient également pour fuir! Ils ne pouvaient trouver la liberté que près du bagne où les chrétiens trouvaient ordinairement des fers.

Il n'est pas superflu de mesurer d'un seul coup

d'œil l'étendue de l'étape que le génie humain a su parcourir en moins de quatre-vingts ans, transformant si facilement le monde que les plus bruyants apôtres d'un prétendu progrès désordonné ne sont même pas parvenus à s'apercevoir que les expéditions lointaines sont devenues impossibles, tant les divers points de la surface du globe se sont rapprochés.

Nous allons maintenant plus vite à Alger que l'on n'allait à Marseille il y a quatre-vingts ans, plus vite au Tonkin qu'on n'allait alors à Alger, et la rapidité avec laquelle notre pensée se communique n'a d'égale que celle que l'on attribuait dans l'antiquité aux messagers des dieux.

Il y avait déjà à bord du petit bâtiment les instruments de la mission renfermés dans les caisses que Rodriguez y avait fait secrètement transporter. Quant aux papiers, ils étaient entre les mains d'Arago, qui ne s'en sépara pas un seul instant.

Seul le maître d'équipage avait le secret du but de l'expédition et connaissait le nom des passagers qu'il embarquait d'une façon qui ressemblait à celle que les contrebandiers emploient pour leurs marchandises. Les matelots croyaient avoir à leur bord un noble émigré accompagné de son domestique et se rendant à Alger pour le compte de la Junte insurrectionnelle. Mais la trop grande familiarité du prétendu maître et du prétendu valet ne tarda point à éveiller des soupçons. Ces hommes grossiers étaient d'autant plus disposés à faire un mauvais

parti aux deux étrangers, que chacun avait remarqué
l'empressement avec lequel on avait embarqué des
bagages de nature bizarre, dont les inconnus semblaient se préoccuper presque autant que de leur
sûreté personnelle. Il n'en fallait pas davantage à
cette époque pour faire croire à l'existence d'un
trésor d'une origine suspecte, et que l'on aurait pu
se partager sans trop de scrupules, si l'on était
parvenu à se débarrasser des propriétaires. Heureusement les vents restant favorables, la traversée
fut trop courte pour qu'un complot en règle eût
le temps de s'organiser. Elle se passa sans autre
incident qu'une relâche à Caprera, îlot fameux par
le martyre d'une armée française venant y expier
par plusieurs années de souffrances inénarrables
la capitulation de Baylen.

Lorsque Arago et Berthemie mirent le pied sur
cette terre lugubre, il ne s'y trouvait encore que
quelques cabanes de pêcheurs, dont les propriétaires
accouraient avec l'empressement naïf de gens habitués à la solitude et dont la bienveillance n'avait
point encore disparu sous le contact des geôliers.
Quelques jours après, commença le supplice de ces
infortunés soldats, payant bien cher, sur ces rives
inhospitalières, la docilité avec laquelle ils avaient
obéi à des chefs trop peu dignes de les commander.

CHAPITRE XVIII

L'aspect qu'offre la ville d'Alger, à l'étranger qui
s'en approche en plein jour, est véritablement
enchanteur, surtout lorsque les maisons blanches
de la ville, vivement éclairées par le soleil, resplen-
dissent au milieu du tapis de verdure qui couvre les
montagnes environnantes.

Ce spectacle était d'autant plus surprenant au
commencement du siècle, que le front de mer était
garni d'une chaîne de bastions régnant sur toute la
longueur d'Alger, et la campagne semblait commencer aux portes mêmes de cette cité guerrière.
En effet, les Maures avaient l'habitude de dissimuler
soigneusement leurs maisons de plaisance derrière
des fouillis inextricables de cactus, d'orangers et
même de palmiers, de sorte que la banlieue parais-

sait complètement déserte, même lorsqu'on l'explorait avec une lunette. Le nombre considérable de forts qui défendaient les approches de la ville, et le Bougareah, dont les pentes majestueuses assombrissaient l'horizon, imprimaient à cette scène un air de force imposante et de grandeur incomparable.

Les deux voyageurs français étaient encore sous l'impression de ce spectacle lorsqu'ils arrivèrent à l'arsenal installé dans la tour de Barberousse, et que l'on nommait la Marine.

A peine avaient-ils mis le pied hors du navire, qu'ils étaient les acteurs involontaires, ou plutôt les victimes d'une scène terrible, montrant bien la violence des passions politiques, qui divisaient la poignée d'Européens que la masse de la population algérienne confondait dans une même haine et un même mépris, sous le nom de « chiens de chrétiens ».

On venait d'apprendre à Alger l'insurrection de toute la péninsule et la capitulation de Baylen. La nouvelle qu'une de ces armées françaises qui avaient promené déjà leurs drapeaux vainqueurs dans toutes les capitales, avait été obligée de mettre bas les armes, avait excité chez la population espagnole un enthousiasme irréfléchi. Tous les résidants avaient arboré la cocarde de leur nation et, plus fiers que s'ils avaient personnellement pris part aux faits d'armes qu'ils célébraient, ils y avaient ajouté une petite médaille d'or portant ces mots : « Vive Ferdinand VII ! »

Non contents des massacres de Valence, ces

patriotes ajoutaient que ces nouvelles Vêpres siciliennes s'étaient étendues à toute l'Espagne, où actuellement il n'y avait plus un seul Français vivant. Le neveu du constructeur des navires de la Régence avait placé sur son chapeau une immense cocarde rouge, et se promenait dans la ville en déclarant tout haut qu'il l'avait teinte ainsi en la trempant dans le sang des Français.

Le digne oncle d'un tel énergumène se trouvait à la Marine, avec les autres chrétiens que le spectacle fort rare d'un bâtiment arrivant d'Europe y avait attirés. Ce misérable ne put garder son sang-froid lorsqu'il vit débarquer les deux Français, qui, heureux d'avoir échappé à tant de dangers, se sentaient rassurés en voyant autour d'eux un groupe de chrétiens. S'armant brusquement d'une perche qui était à la portée de sa main, il se mit à frapper à tour de bras sur le colonel, qui lui parut moins robuste qu'Arago, et il s'apprêtait à traiter de même l'astronome, qui ne s'était même pas aperçu de l'espèce de puits d'un nouveau genre dans lequel il allait tomber. Mais un marin génois qui avait saisi un aviron administra à ce fanatique un coup si adroitement dirigé qu'il l'étendit raide par terre.

Les Turcs et les Maures témoins de cette scène ne se cachaient pas pour rire de la rixe à laquelle ils assistaient. Ils y voyaient une preuve de la vérité de ces passages du Koran où le Prophète parle de l'esprit de vertige et d'erreur inspiré à ses adversaires, rien qu'en jetant en l'air une poignée de poussière à leur intention.

Mais il n'y avait pas de temps à perdre, car les compatriotes de l'individu assommé auraient pu revenir en nombre et faire un mauvais parti au Génois qui protégeait ainsi des Français. Aussi, après avoir indiqué au patron de la petite barque l'endroit où il devait placer les caisses et les bagages pour qu'ils fussent à l'abri des voleurs, et l'avoir prié d'attendre son retour avant de s'éloigner, ce brave Italien conduisit Arago et Berthemie, qui n'avait été que froissé lors de sa chute, à la porte de la Marine, que les trois chrétiens franchirent sans difficulté. Ils arrivèrent bientôt dans la ruelle tortueuse qui porte aujourd'hui le nom de rue des Consuls et où se trouvait le bureau de M. Dubois-Thainville.

Il n'est pas nécessaire de décrire la surprise avec laquelle les nouveaux débarqués contemplèrent la multitude bizarre qui semblait grouiller dans les rues d'Alger la bien gardée. Ces singulières voies publiques étaient si étroites, qu'il aurait été complètement impossible d'y aller en voiture, et qu'il était déjà difficile d'y passer à cheval et à mulet. Il n'y faisait même pas bien clair, car en beaucoup d'endroits le ciel était caché par des avancées qui débordaient des maisons voisines. Tous les échantillons des races multiples qu'on rencontre encore en Algérie s'y trouvaient représentés et regardaient les chrétiens avec un air de malveillance et de mépris si peu déguisé, qu'il semblait que la scène de la Marine allait recommencer.

Prévenus cette fois, Arago et Berthemie ne se seraient point laissé surprendre à l'improviste. Du reste, il se trouvait au consultat de France, non pas M. Dubois-Thainville, mais son chaouch. C'était précisément le fonctionnaire dont la principale fonction était de défendre les compatriotes de son maître contre les agressions d'une foule aveuglément hostile à tout ce qui était chrétien.

Ce vigoureux personnage appartenait à la milice dont il portait l'uniforme, lui séant à merveille et donnant de l'ampleur aux formes athlétiques qui auraient suffi pour lui attirer la considération publique, dans un pays où la force brutale jouait un rôle i important.

Le chaouch du consulat était de plus protégé par sa qualité de membre de l'Odjack, qui le rendait en quelque sorte inviolable et lui donnait le droit de malmener impunément les enfants du désert, les Maures, les Kabyles et les nègres. L'indigène qui l'aurait frappé, ou même simplement injurié, aurait encouru et subi sur l'heure les peines terribles garantissant l'inviolabilité de chacun des 12 000 souverains du pays.

C'était à peu près l'effectif de la soldatesque brutale et sanguinaire dont les caprices faisaient et défaisaient les deys.

Quand le bon Génois eut remis ses deux protégés entre de telles mains et reçu leurs remerciements, il s'empressa de retourner dans le port pour aider au débarquement des caisses et du reste des bagages, dont le chancelier prit soin.

Ce guide redoutable conduisit sans encombre les deux nouveaux débarqués dans la maison mauresque qu'habitait M. Dubois-Thainville. Elle était construite à peu de distance de la ville, au milieu d'un bouquet de verdure, dans une délicieuse région où se trouvaient réunies les habitations des représentants de presque toutes les puissances européennes, et qui porte encore aujourd'hui le nom de vallée des Consuls.

Quelle ne fut pas la surprise d'Arago et de Berthemie de trouver, dans cette campagne isolée au fond d'un pays barbare environné d'une réputation si terrible, une Parisienne des plus répandues dans la haute société, une de ces élégantes pour lesquelles le monde commençait et finissait dans les murailles alors toutes neuves de l'ancien octroi!

Mme Dubois-Thainville était cousine germaine de deux majestés, car l'une de ses sœurs avait épousé Joseph Bonaparte, roi d'Espagne, et l'autre Bernadotte, qui allait monter prochainement sur le trône de Suède. Quand les croiseurs du roi George n'arrêtaient pas les précieux paquets qui lui étaient destinés, elle en faisait admirer le contenu aux femmes des autres consuls, qui vivaient avec elle dans une grande intimité. Elle recevait aussi les visites de leurs maris, malgré les intrigues auxquelles ils se livraient les uns contre les autres et la manière dont ils se dénonçaient réciproquement dans les rapports qu'ils adressaient en Europe avec le chiffre de leur gouvernement. Rien n'est plus curieux que de comparer les dépêches du consul d'Angleterre et le récit des fêtes auxquelles sa famille prenait part chez le consul de France, dont il combattait l'influence avec une énergie désespérée.

La maison dont une femme élégante et spirituelle avait fait une des merveilles d'Alger et le centre de l'influence à laquelle obéissaient tous les grands personnages de la Régence existe encore. Par une singularité dont l'histoire offre peu d'exemples, elle a été donnée à l'évêque d'Alger. C'est là que le successeur de saint Augustin, à portée du petit séminaire, se repose des fatigues de son apostolat.

Il est juste d'ajouter que cette hypocrisie constante n'était pas seulement imposée par les nécessités de la profession diplomatique, dont le nom seul suffit pour indiquer qu'on ne peut y réussir par la franchise et la droiture. Mais le fanatisme qui pesait si lourdement sur ce paradis terrestre suspendait en quelque sorte une épée de Damoclès sur la tête des deux rivaux et les obligeait à rester dans des termes leur permettant de se prêter un mutuel appui, si leur sûreté se trouvait menacée.

Le tribut du Danemark ayant éprouvé quelques retards, le dey entra dans une épouvantable colère et décida que l'amiral Urich, consul danois, serait sur-le-champ envoyé au bagne.

Cette terrible menace fut mise à exécution sans

aucun retard. Arrêté au milieu de la ville par un chaouch, l'amiral fut conduit en prison avec les esclaves chrétiens et, en dépit de ses réclamations, attaché à la chaîne après avoir revêtu l'uniforme des forçats. Le lendemain matin, on l'envoya, avec ses nouveaux camarades, aux travaux du port.

En apprenant que le prince qui régnait à Alger avait commis un aussi sanglant outrage au droit des gens, ses collègues se réunirent et décidèrent qu'ils se rendraient dès le lendemain matin à l'audience du dey pour obtenir la liberté de leur infortuné confrère. On vit alors un mémorable spectacle se produire à Alger au milieu de cette lutte gigantesque ensanglantant tant de champs de bataille et sur terre et sur mer. M. Blankeley, ministre d'Angleterre, et M. Dubois-Thainville, consul de France, marchaient en tête de tous les chrétiens en se donnant fraternellement le bras.

Une manifestation aussi inattendue devait agir même sur l'esprit d'un despote qui n'avait d'autre loi que ses caprices : il donna l'ordre de mettre l'amiral en liberté.

Ses collègues se chargèrent d'aller l'arracher de la prison et le ramenèrent triomphalement à sa villa. Mais sa femme avait été si vivement impressionnée de cette catastrophe, qu'elle tomba malade et ne tarda point à rendre l'âme.

Semblable mésaventure arriva un peu après à M. Fraissinet, Français passé au service de la Hollande, qui habitait à Alger depuis vingt-quatre ans et était père de huit enfants. Le gouvernement qu'il représentait ayant décidé de refuser la continuation du tribut, on l'arrêta pour l'envoyer au bagne. Cependant le dey n'osa pas résister à une démarche collective que les autres consuls avaient encore une fois faite auprès de lui.

Malheureusement ces beaux exemples de l'union des représentants des pays d'Europe vis-à-vis des musulmans ne se produisaient guère qu'en cas de péril imminent. En temps ordinaire, les rivalités des consuls de France et d'Angleterre se traduisaient par mille intrigues de toute espèce, qui étaient le plus solide soutien des pirates. Il y aurait eu long-temps qu'on les aurait expulsés de leur repaire, si chaque grande nation maritime n'avait préféré les y voir que d'y voir ses rivaux.

CHAPITRE XIX

Histoire d'Ahmed-Khodja. — Il devient favorable à la France. — Les lions. — Il les offre à Napoléon. — Embarquement des deux fugitifs.

Il ne fallait pas songer à loger en ville les deux nouveaux arrivants; le consul les retint donc dans sa maison, en évitant le plus possible de les montrer, pour ne point éveiller les soupçons de son confrère et fournir un aliment de *racontars* hostiles à la féconde imagination de ses limiers.

M. Dubois-Thainville avait depuis longtemps obtenu un congé de six mois, pendant lequel il comptait entretenir le gouvernement de l'état de la Régence, et des moyens de mettre à exécution des projets de conquête qu'il avait déjà formés. Mais il y avait plus d'un an qu'il était obligé de remettre son départ, tantôt parce que le dey lui refusait le permis de s'embarquer, tantôt parce que la mer cessait d'être libre ou qu'il survenait des incidents imprévus. Il tenait aussi à profiter de la présence d'un militaire attaché à la maison impériale pour envoyer en France des renseignements certains.

Notre consul apprit donc à l'aide de camp de l'empereur Napoléon que, vers le dernier tiers du XVIIIᵉ siècle, on put croire que le gouvernement de la Régence allait devenir moins tumultueux et que, comme à Tunis, la soldatesque allait se laisser dominer par une dynastie de souverains se succédant régulièrement. En effet, Baba-Mohammed, ce dey qui eut la gloire de repousser la tentative des Espagnols et de leur imposer un tribut de 14 millions de nos francs, expira dans son lit après un règne de vingt-cinq années, fait sans exemple dans les annales de la milice, qui nomma jusqu'à cinq deys l'un après l'autre dans la même journée.

Son fils adoptif, Baba-Hassan, mourut également sur le trône, après un règne de sept à huit années, pendant lequel il bâtit le palais situé à Bab-el-Oued et connu de nos jours sous le nom d'hôpital du Dey.

Il fut remplacé par son neveu, Baba-Mustapha, le khasnadji qui éleva le beau monument habité chaque été par le gouverneur général et donna son nom à la plus riche commune des environs d'Alger.

Sous le règne relativement paisible de ces princes, le pouvoir des juifs s'était développé; il avait suivi la même progression que le commerce et l'industrie.

Comme ceux de France, avec lesquels ils avaient sans doute des rapports secrets par l'intermédiaire de leur sanhédrin, les juifs algériens étaient favorables à la République française et hostiles à l'Angleterre, qui cherchait alors à les maintenir dans un état complet d'ilotisme politique. Dès l'année 1796, le juif Busnah, ministre des finances du dey, avait envoyé en France plusieurs navires chargés de blé et dont la cargaison avait une valeur de cinq millions de francs [1].

La fortune de Busnah et de son associé Bacri excita la colère des Janissaires. L'un d'eux assassina le ministre devant son maître. Il s'ensuivit un tumulte à la suite duquel un grand nombre de maisons juives furent pillées et Bacri jeté en prison.

Le dey avait sauvé provisoirement sa vie en cédant aux mutins, mais il fut bientôt massacré à la suite d'une conspiration à la tête de laquelle se trouvait Ahmed-Khodja, chef des secrétaires du Divan, qui s'était toujours fait remarquer par son extrême hostilité aux juifs, et qui lui succéda.

Ahmed était un homme violent, d'un caractère emporté et cruel, qui avait profité du suprême pouvoir pour faire périr ses ennemis dans les supplices. Le consul anglais avait agi à son égard avec beaucoup d'habileté. Il avait fait venir de Londres un médecin qui, étant seul à Alger, n'eut pas de peine à se faire admettre au palais, et qui le tenait au courant des moindres incidents de la vie privée du souverain.

---

1. C'est même la dette créée en cette occasion, et que le Directoire avait oublié de solder, qui amena le coup d'éventail si chèrement payé par le dey Hussein.

Il avait offert de prendre en location la pêcherie de la Calle pour un prix exorbitant.

Enfin il s'était logé dans une maison de campagne appartenant à Sidi Kaddour, beau-père du dey, à qui il payait une rente également hors de proportion avec la valeur des loyers.

Cependant le dey, à peine installé à la Djenina, s'était rapproché des juifs; il avait tiré de prison Bacri pour en faire son confident, et celui-ci avait profité de son influence pour faire comprendre au prince l'avantage de se mettre bien avec Napoléon, qui au besoin pourrait le protéger contre ses sujets, s'ils voulaient lui faire subir le sort réservé à presque tous ses prédécesseurs.

La seule affection qu'Ahmed-Khodja ait réellement sentie était celle qu'il avait conçue pour les lions de sa ménagerie, qu'il laissait dans une demi-liberté, attachés à des anneaux fixés au mur, comme le seraient des chiens de garde. Il aimait à s'entourer de ces animaux lorsqu'il donnait ses audiences, et surtout lorsqu'il savait qu'un consul chrétien devait y assister. Généralement, il appuyait ses pieds sur l'échine d'un de ces fiers enfants du désert, qui lui servait de tabouret.

Le consul d'Angleterre, en souvenir de son passage dans l'armée britannique, portait un uniforme rouge. Cette couleur contrariait fort les lions du dey, qui, élevés avec toutes les précautions familières aux dompteurs, étaient d'un naturel plus timide que certains de nos bouledogues. Un jour, le fauve à belle crinière sur lequel s'appuyait Son Altesse se leva si brusquement qu'elle fut renversée sur le dos. Le prince se releva rapidement et avec beaucoup de présence d'esprit. Dès qu'il se retrouva sur ses pieds, il dit à M. Blankeley, avec un sourire que n'aurait pas désavoué un monarque du continent européen : « Votre uniforme fait peur à tout le monde, même à mes lions. »

Mais, malgré cette flatterie, Ahmed n'en continuait pas moins ses intrigues avec Bacri.

D'après les idées orientales et les mœurs du despote algérien, rien ne pouvait exprimer plus éloquemment ses sentiments nouveaux vis-à-vis de la France que l'offrande de deux lions, dont l'un, élevé par les mains mêmes de Son Altesse, était parfaitement privé et avait été laissé pendant quelque temps en liberté dans l'intérieur du consulat.

On avait placé ces deux animaux dans des cages de fer déjà transportées en secret à bord du navire qui devait les mener à Marseille, quand on décida que MM. Berthemie et Arago y allaient prendre passage.

Afin que le consul d'Angleterre ne pût prendre ombrage de leur présence, on décida que les deux voyageurs déguiseraient leur nationalité et la cause de leur retour sur le continent européen.

L'un et l'autre furent transformés en juifs hongrois venus ensemble à Alger pour faire le commerce des mille bibelots se fabriquant dans la Régence et dont les élégantes de 1808 étaient, pour

le moins, aussi friandes que celles de notre temps.
Comme le chancelier du consulat de France exerçait
en même temps les fonctions de consul d'Autriche,
cette transformation n'offrit aucune difficulté.

Il était grandement temps que l'on fît filer les
deux Hongrois, car déjà le bruit s'était répandu dans
la ville que l'empereur des Français avait envoyé un
colonel de son armée avec des instruments d'astronomie pour une valeur de 250 000 francs. C'était aux
caisses d'Arago que cette rumeur faisait allusion.

Le départ eut lieu d'une façon si précipitée, que
le capitaine, ayant besoin de matelots, arrêta quelques-uns des spectateurs que ses manœuvres avaient
attirés sur le port et les embarqua malgré leurs vives
protestations. On s'aperçut que le dey s'était placé
sur l'observatoire de la Djenina et suivait les manœuvres avec une longue-vue, comme s'il avait pris
un intérêt extraordinaire à ce qui se passait au
large.

Le soir même, on vit arriver dans le port une
frégate anglaise, et le capitaine eut avec le consul
d'Angleterre une entrevue qui se prolongea beaucoup plus que ne font d'ordinaire les entretiens dans
de semblables circonstances. On remarqua que le
lendemain le consul d'Angleterre retourna encore
une fois à bord sous le prétexte d'y dîner.

CHAPITRE XX

Arago s'embarque. — Son navire capturé par un corsaire. —
Arago soupçonné d'être un transfuge. — Les Arabes soumis à un interrogatoire.

Le navire auquel Arago confiait sa fortune se
nommait *les Trois-Frères;* il appartenait à l'émir
Sacca, directeur de la monnaie, et portait le pavillon
de la Régence, mais il avait été construit à Zante.
Quoique le capitaine en nom fût un coulougli, il
était en réalité sous le commandement de Spiro
Caligiero, pilote italien. Il y avait à bord comme passagers cinq frères israélites, qui quittaient Alger
pour fuir la colère de Bacri. Celui-ci, ayant été
nommé roi des juifs, trouvait commode d'expulser
les membres de la famille à laquelle il avait succédé.
Les souverains esclaves avaient, dans la servitude,
tous les calculs et toutes les combinaisons de princes
qui ne sont pas réduits à trôner dans un ghetto.

L'équipage était très bigarré : il se composait
d'un charpentier français, de quatre ou cinq matelots
italiens et d'autant de matelots maures.

Le navire n'était point affecté à la piraterie; cependant il était armé en course, et quatorze canons en cuivre reluisaient martialement sur le pont.

Les deuxième et troisième journées se passèrent sans incident notable; le vent était favorable, et tout semblait promettre une heureuse traversée, lorsque à l'entrée du golfe du Lion on aperçut un navire espagnol portant fièrement à la corne d'artimon le pavillon du gouvernement espagnol, insurgé contre les Français.

Le capitaine Spiro était d'un naturel pacifique et n'entendait employer, pour se défendre, aucun des canons qui avaient si bonne mine sur son pont. Avant d'accepter le commandement des *Trois-Frères*, il avait mis pour condition qu'il reviendrait à Alger si les Anglais, ne trouvant pas ses passeports valables, l'obligeaient à rebrousser chemin.

Il ne prit donc pas la chasse devant l'Espagnol et se laissa aborder sans difficulté, persuadé qu'au pis aller on le laisserait retourner d'où il venait.

Malheureusement le commandant des *Trois-Frères* n'avait pas affaire à un croiseur régulier, mais à un corsaire de Palamos, qui, n'ayant jamais fait aucune prise, n'était nullement disposé à abandonner la riche proie que son saint patron lui envoyait.

En effet, outre les lions, il y avait à bord des singes, des plumes d'autruche, du sumac, du kermès, de l'encens, de la noix de galle, une multitude de marchandises de nature à tenter l'avidité de pauvres pêcheurs transformés en écumeurs de mer pour la gloire de Sa Majesté Ferdinand.

Le corsaire déclara donc qu'il capturait le bâtiment, et il le conduisit à Rosas, petit port maritime du nord de la Catalogne, où était établi le tribunal maritime que les insurgés avaient créé.

Le juge devant lequel les passagers comparurent était un fanatique, désireux de montrer son zèle pour la bonne cause en accordant l'autorisation de vendre le navire, en même temps qu'il se débarrasserait des passagers en imaginant une raison quelconque pour les fusiller.

Le capitaine croyait avoir trouvé le prétexte que cet honnête homme cherchait. Comme Arago parlait à merveille l'espagnol, il avait déclaré qu'il était un transfuge de la cause royale allant en Algérie faire le commerce pour le compte de la France, que c'était lui le propriétaire du bâtiment, et que, pour éviter la confiscation, il s'était donné la qualité de simple passager du capitaine Caligiero.

C'est dans ce sens que les interrogatoires des deux juifs de Hongrie furent dirigés. Comme les prisonniers avaient eu tout le temps de s'entendre pour tout ce qu'ils auraient à répondre, il fut impossible de les mettre en contradiction l'un avec l'autre.

N'ayant pas d'Allemand sous la main, variété de l'espèce humaine fort rare dans ces régions, ce digne juge ne pouvait convaincre les deux prisonniers qu'ils ignoraient complètement la langue harmonieuse des Germains ; il examina donc soigneusement les Arabes et les passagers indigènes, en promettant la liberté à ceux qui révéleraient ce qu'étaient les deux suspects.

Ceux-ci savaient très bien une portion de la vérité, suffisante pour obliger Berthemie et Arago à confesser le reste et pour mériter la récompense qu'on leur promettait et à laquelle on aurait facilement ajouté une prime en argent.

Mais aucun de ces braves gens ne voulut acheter son élargissement au prix d'un acte que sa conscience lui aurait certainement reproché comme un crime. Il ne se trouva parmi eux personne pour trahir deux hommes appartenant à une religion détestée, mais que la Providence avait fait leur compagnons d'infortune.

Arago en conserva une vive reconnaissance : trente ans plus tard, lorsque le sort de l'Algérie se discuta devant le Parlement français, il fit allusion à cette conduite généreuse dans un discours qu'il prononça pour engager les vainqueurs à traiter les populations indigènes avec générosité.

CHAPITRE XXI

Menacé d'une captivité qui semblait devoir se
prolonger indéfiniment et qui paraissait de nature à
se terminer d'une façon tragique, Arago chercha à
intéresser à son sort sir George Eyre, capitaine de
l'Aigle, frégate de Sa Majesté Britannique qui croisait dans ces parages. Il fallait avoir toutes les illu-
sions d'un astronome à peine majeur pour croire
qu'au milieu d'une guerre aussi acharnée un officier anglais pouvait favoriser le succès d'une grande
entreprise scientifique dont la France avait la glorieuse initiative. En effet, aujourd'hui même, après
soixante-dix ans de paix, la Grande-Bretagne ne peut
pardonner au système métrique son péché originel.

Comme Arago prétendait, dans sa lettre, être porteur d'un sauf-conduit de l'Amirauté britannique,
pièce qui n'était qu'un passeport au nom de Biot et
valable pour la mer du Nord, sir George consentit
à lui faire l'honneur de se promener avec lui sur

la plage pendant qu'il lui expliquait son affaire. Mais il fut d'une très grande froideur, et il déclara qu'il ne pouvait en aucune façon intervenir; il refusa de se charger de ses papiers pour les transmettre à la Société royale de Londres, et il lui donna le conseil de tout avouer aux autorités espagnoles.

Les choses restèrent en cet état jusqu'à la fin du mois d'octobre, époque à laquelle les Espagnols apprirent que la ville de Rosas allait être assiégée par le général Gouvion Saint-Cyr, chargé de réduire l'insurrection de Catalogne.

Comme les insurgés savaient que cet homme de guerre pousserait les opérations avec l'activité excessive qui a toujours été le caractère principal de sa stratégie, et qu'ils auraient besoin de toutes leurs ressources soit en hommes, soit en vivres, soit en munitions, ils s'empressèrent d'évacuer les prisonniers. On les transféra à Palamos, petit port où les Français ne pouvaient songer à les aller chercher.

On leur assigna pour résidence un vieux ponton; mais leur captivité fut adoucie par l'autorisation de se rendre à terre, faculté dont ils s'empressèrent de jouir, quoique leurs vêtements fussent en haillons.

La misère d'Arago était inénarrable, lorsqu'un compatriote qui rentrait en France, sur un *cartel d'échange*, vint à son aide d'une façon aussi ingénieuse qu'imprévue. Il lui offrit une tabatière au fond de laquelle se trouvait une once d'or, le dernier restant de sa fortune.

Mais un bonheur ne vient jamais seul; le cadeau de l'*once d'or* était le signe qu'un changement de fortune se préparait.

Au moment où Arago commençait à désespérer de recouvrer jamais la liberté et se résignait par force à une existence aussi misérable que monotone, arriva un décret de la junte suprême donnant l'ordre de relâcher le navire et ses passagers.

Si les choses avaient marché si lentement, la faute en était à l'hostilité des Espagnols, qui continuait à s'exercer d'une façon passionnée contre tout ce qui portait le nom français. Car la lettre écrite au nom du capitaine Spiro Caligiero avait produit son effet, grâce à l'active intervention de M. Dubois-Thainville et du propriétaire du bâtiment, le ministre Sella, qui n'entendait point perdre ainsi sa cargaison et qui n'avait pas eu de peine à faire partager son opinion au dey.

L'annonce de la capture des *Trois-Frères* avait été reçue avec des transports de joie qui s'étaient manifestés par de bruyants hurrahs. Mais les impétueux Castillans ne tardèrent point à déchanter.

Ils avaient pour consul un certain Ortis, qui représentait depuis longtemps le gouvernement de Charles V et qui, ayant passé avec armes et bagages du côté de l'insurrection, était maintenant le représentant en titre de Ferdinand. Cet individu avait pris part à la jubilation de ses compatriotes et se préparait à lancer une invitation pour un grand bal destiné à célébrer dignement cet événement, lorsqu'il vit arriver un des chaouchs du dey, qui lui intima l'ordre de se rendre immédiatement au Divan.

Ahmed le reçut au milieu de ses lions, lui reprocha avec aigreur la faute de ses compatriotes, et le prévint qu'il le ferait jeter au bagne avec tous les Espagnols habitant la Régence, et qu'il déclarerait la guerre à sa nation si l'on ne rendait *les Trois-Frères*.

Comme Ahmed-Khodja était aussi capricieux que violent, les ennemis de la France imaginèrent de gagner du temps. Ils conseillèrent au reïs que l'on expédia à Alicante de faire semblant d'obéir et de prendre la mer, avec l'intention bien arrêtée de ne pas exécuter l'ordre qu'il avait reçu. Cet homme revint au bout de dix jours, et déclara effrontément qu'il n'avait pu trouver le port où il devait aborder.

Contrairement à ce que les astucieux ennemis de la France imaginaient, le dey n'avait pas changé d'avis. Le conte ridicule qu'on lui fit augmenta sa colère au lieu de la désarmer[1] : il renouvela ses menaces avec tant d'impétuosité, que le consul d'Espagne vit bien qu'il ne fallait point essayer de le tromper.

Cette fois, le reïs trouva Alicante, et les lettres du consul étaient si pressantes, que le gouvernement

---

1. Je trouve dans la *Notice sur le Tonnerre* d'Arago la mention d'un accident arrivé pendant un orage à un navire. Un coup de foudre aurait changé en sud le nord de sa boussole. Ce navire serait-il celui qui avait été envoyé d'Alger à Alicante? Ce coup de foudre aurait-il été le *mensonge* imaginé par les Espagnols?

espagnol envoya à Rosas l'ordre de laisser *les Trois-Frères* continuer sa route vers Marseille.

On était au 28 novembre et le navire mettait le cap sur la France pour terminer un voyage commencé le 13 du mois d'août. Déjà la silhouette des collines auprès desquelles les Phocéens ont construit la reine de la Méditerranée se détachait dans le lointain, lorsqu'il se déclara un coup de mistral d'une violence extraordinaire.

Après dix jours d'une traversée des plus terribles et pendant laquelle on put croire plus d'une fois que le navire allait sombrer, on abordait à Bougie, le plus beau port de toute la Régence. A cette époque, la flotte du dey allait y passer tous les ans l'hivernage.

Le navire *les Trois-Frères* avait été tellement secoué par la tempête, qu'il ne fallait pas songer à le renvoyer en France avant de l'avoir conduit à Alger pour le réparer dans les chantiers du dey. Comme la flotte n'était point encore arrivée, il n'y avait dans le port que de mauvaises sandales indigènes, qui étaient parfaitement hors d'état de traverser la Méditerranée. Il ne leur était pas moins difficile de se rendre à Alger avant le retour du beau temps.

Restait donc la route de terre ; mais la révolte des Kabyles et celle de la tribu des Flissas étaient si récentes, qu'il y avait à craindre de rencontrer dans les montagnes quelque volcan mal éteint. En outre, la Régence était remplie de rumeurs vagues, comme il arrive à la veille des grandes révolutions. Le caïd ne cacha pas qu'il craignait que le moindre accident ne fût un prétexte dont quelques ambitieux s'armeraient pour lui enlever à la fois sa tête et son caïdat. Il refusa net, alléguant que même en temps ordinaire il avait beaucoup de mal pour tenir les Kabyles en respect, sous la portée de ses canons.

Mais les deux Français insistèrent si vivement, que ce personnage se laissa convaincre, à condition toutefois qu'on lui remettrait une attestation bien en règle prouvant qu'il avait averti les voyageurs des dangers auxquels ils s'exposaient; il déclinait d'ailleurs toute responsabilité pour ce qui pourrait leur arriver.

Une fois qu'il eut pris ses mesures pour ne point être compromis, le caïd fut charmant, et il prêta avec beaucoup d'affabilité son concours pour l'organisation de la petite caravane dans laquelle les deux chrétiens devaient être incorporés.

Elle était sous la direction d'un marabout qui prétendait avoir une grande influence dans l'intérieur du pays et qui avait entrepris à forfait de faire parvenir Arago et Berthemie à leur destination. Il demandait pour son salaire une somme de 20 piastres fortes, soit environ 100 francs, ce qui n'était pas une somme bien considérable, malgré la haute valeur que possédait l'argent à cette époque dans la Régence, où les denrées étaient d'un bon marché surprenant; mais il y ajoutait aussi la promesse d'un burnous rouge et du droit de le porter, faculté qui conférait l'exemption de l'impôt et une grande considération.

La petite troupe comprenait les matelots arabes de l'émir Sella, qui se rendaient à Alger, laissant à d'autres le soin de conduire *les Trois-Frères* lorsque l'état de la mer le permettrait. Il y avait aussi quelques habitants de Bougie qui voyageaient pour leurs affaires; chemin faisant, la caravane s'augmentait de quelques travailleurs kabyles qui regagnaient la capitale, où ils allaient, comme maintenant, travailler pendant la mauvaise saison.

Les mesures nécessaires furent rapidement prises, et, deux ou trois jours après leur débarquement, Arago et Berthemie quittaient l'antique Saldæ, qui avait conservé un air particulièrement lugubre de désolation. En effet, la population, fort réduite, occupait une enceinte beaucoup trop grande, dans laquelle on voyait une multitude de maisons ruinées ayant appartenu aux Espagnols du temps où la ville était occupée par eux.

Les Turcs, qui leur avaient succédé en 1555, étaient beaucoup trop indolents pour les réparer; on voyait encore trois cents ans plus tard, lors de l'entrée des Français, les trous faits par les boulets ottomans, lorsque Salah Reïs, le cinquième pacha d'Alger, avait bombardé la place avant de s'en emparer.

CHAPITRE XXII

La ville et le port de Bougie occupent le segment
occidental du vaste hémicycle que dessine le golfe
auquel cette ville a imposé son nom. En arrière de
Bougie règne un plateau élevé duquel jaillit à pic le
Gouraïa, qui s'élance dans les airs jusqu'à une hauteur de sept cents mètres, et dont les pentes abruptes
sont remarquables par leurs teintes grisâtres et leurs
formes décharnées. Vers l'ouest, le Gouraïa s'abaisse,
par des ressauts successifs, jusqu'à la haute falaise
qui pénètre comme un coin dans la Méditerranée
et porte le nom de cap Carbon. C'est là que se
trouve la crypte naturelle d'El-Metkoub, ou de la
roche percée, au fond de laquelle une tradition algérienne recueillie par les Pères de la Merci prétendait que Raymond Lulle était venu, dans le courant
du XIVᵉ siècle, poursuivre ses pieuses méditations.

Du côté de l'orient, la roche à laquelle Bougie est
adossée se baigne dans les eaux d'un fleuve fort

important en Algérie, quoiqu'il ne soit qu'un simple torrent tout à fait incapable de porter bateau. Jamais il ne tarit, même pendant les grandes chaleurs de l'été, sorte d'avantage que beaucoup de ses rivaux plus célèbres ne possèdent pas.

Il est considéré à juste titre comme la porte naturelle pour pénétrer en Kabylie, dont il trace la limite occidentale, et pour s'élever par étages jusqu'au pied des plus hautes cimes du Djurjura.

C'était en s'avançant lentement le long des méandres de ce cours d'eau, qu'on nommait alors la rivière d'Akbou, que le khalife du bey de Constantine, à la tête d'un fort contingent des tribus du Makhzen, allait chaque année prélever l'impôt. Suivant que les années étaient plus ou moins favorables, ou que les tribus étaient plus ou moins affaiblies par leurs dissensions intestines, il réussissait plus ou moins complètement. Quelquefois l'expédition revenait en désordre, après avoir laissé derrière elle un grand nombre de soldats du goum; mais d'autres fois les cavaliers apportaient des têtes pendues à l'arçon de leurs selles et poussaient devant eux les produits des razzias pratiquées contre les Kabyles qui avaient, pour leur malheur, essayé de résister.

Quoique le sentier qui longeait le fleuve fût aisément praticable pour des cavaliers arabes rompus à toutes les difficultés d'un voyage algérien, il était loin de l'être pour Arago et Berthemie. Montés l'un et l'autre sur des mules, ils trouvaient fort incommode ce moyen de locomotion. En effet, la route changeait très souvent de rives, passant tantôt sur la droite, tantôt sur la gauche. Il était donc nécessaire de traverser fréquemment ce torrent capricieux en s'aidant des roches semées au hasard ou de pierres plates, l'usage des ponts étant complètement inconnu dans toute cette région. On voyait cependant de temps en temps des travaux hydrauliques semblables à ceux dont les Maures ont laissé tant de traces en Espagne; on rencontrait des rigoles d'irrigation et même des moulins utilisant des chutes d'eau habilement ménagées et où l'on fabriquait de l'huile en écrasant des olives. On apercevait aussi des établissements rudimentaires pour extraire le fer du minerai, qui abonde dans les flancs de la montagne que les Romains nommaient déjà le *Mons Ferratus*. En effet, les sauvages montagnards qui vivaient dans ces gorges se servaient du métal produit par leurs procédés rudimentaires pour forger les armes et les instruments d'agriculture qu'ils vendaient aux habitants du plat pays.

La région qui comprend le versant sud aussi bien que le versant nord du Djurjura, et qui s'étend entre la rive gauche de la rivière de Bougie et la mer jusqu'à la hauteur de Dellys, possédait alors une population aussi dense que de nos jours, où elle peut lutter, sous ce rapport, avec beaucoup de départements français.

Mais ce n'était pas le long du fleuve servant de grande route aux Turcs qu'elle s'était agglomérée.

On pouvait donc juger mieux de la beauté des sites pittoresques qui se succèdent à chaque instant que de la richesse et du nombre des tribus.

On rencontrait cependant de temps en temps des villages habités par une population vigoureuse, mais farouche, et jetant des regards soupçonneux sur la caravane qu'elle voyait passer.

Arago fut frappé de l'air sauvage des premiers indigènes qu'il rencontra, et qu'il compare, non sans raison, aux soldats de Jugurtha. En effet, ils appartenaient probablement à la remuante tribu des Ouled-Mezaïa, dont les montagnes cernaient en quelque sorte la ville de Bougie et qui ont, jusqu'à ces dernières années, profité de cette circonstance pour maintenir dans une sorte de blocus hermétique une ville que la nature a destinée à un grand avenir et que quelques écrivains appellent le Gibraltar de l'Algérie.

De temps en temps on rencontrait de petits édifices carrés portant avec plus ou moins de droit le nom de caravansérail et construits par des âmes charitables pour servir d'abri aux étrangers.

La porte de ces établissements hospitaliers, si communs dans tous les pays arabes, reste ouverte nuit et jour à tout venant. Personne ne demande au voyageur ni d'où il vient ni de quel côté il compte porter ses pas. Généralement l'intérieur est à ciel ouvert, mais le périmètre est abrité par quatre toits reposant sur des poutrelles verticales représentant des colonnes. Trois côtés sont réservés aux hommes, qui s'y installent de leur mieux sur les couvertures qu'ils ont apportées. Le quatrième est consacré aux animaux, et des anneaux de fer sont scellés dans la muraille pour les attacher. Il y a dans ces réduits, pour tout mobilier, une fontaine servant pour les ablutions.

Les établissements analogues créés par le génie militaire dans les solitudes algériennes, et qui tiennent lieu d'hôtelleries, donnent une idée exacte, quoique un peu trop avantageuse, de ce qu'étaient ceux des Arabes, dans lesquels on ne trouvait jamais ce personnage indispensable qu'on nomme le cantinier.

CHAPITRE XXIII

A une trentaine de kilomètres de Bougie, la caravane rencontra un de ces monuments, construit près des ruines de Tubussus, colonie romaine qui paraît avoir été établie du temps d'Auguste. Le mode rudimentaire de voyager auquel ils recouraient avait horriblement fatigué les deux Européens, affaiblis par leur captivité en Espagne et leur longue traversée : ils s'apprêtaient à goûter un repos si vaillamment gagné, lorsqu'ils furent réveillés par une querelle d'une violence inouïe s'élevant inopinément entre le marabout et deux indigènes. Il paraît que celui-ci, qui avait quelque influence sur le caïd de Bougie, avait obligé récemment ces deux personnages à déposer leurs armes, sous prétexte qu'ils voulaient en faire un mauvais usage.

Rancuniers comme le sont toujours les Kabyles, ceux-ci, ayant reconnu l'individu qui leur avait fait infliger une si sanglante injure, voulaient en tirer vengeance sans le moindre respect pour son caractère sacré. Ils seraient parvenus à lui faire un mauvais parti sans l'intervention aussi opportune que bien sentie des matelots des *Trois-Frères*. Le tumulte s'apaisa ; mais la paix avait eu tant de mal à renaître, que la confiance des deux Roumis dans l'influence de leur conducteur était très fortement ébranlée. Arago et Berthemie délibérèrent même afin de savoir s'ils ne devaient point rebrousser chemin. Mais voyant que les hommes de l'équipage avaient énergiquement soutenu leur chef, et qu'ils n'avaient point l'air de s'impressionner plus que de raison d'incidents très communs dans la vie africaine, ils se décidèrent à poursuivre leur route.

La seconde journée se passa sans autre incident notable que la traversée du ruisseau, qui fut exceptionnellement difficile. Pour la halte du soir, on ne put atteindre un caravansérail ; il fallut se contenter comme abri de quelques trous de rocher.

La troisième journée fut très pénible, parce que la route allait en montant, et le soir il ne se rencontra ni toit régulier dû à la main de l'homme, ni repaire fortuitement creusé par celle de la nature ; il fallut camper en plein air, à l'entrée d'un bois assez touffu, près duquel on alluma de grands feux.

Quoique peu habitués à dormir à la belle étoile dans un pays où les jours de décembre sont assez chauds, mais où les nuits sont fraîches, les deux Français s'étaient profondément endormis, lorsqu'un grand bruit vint les alarmer. C'étaient les mules qui s'agitaient parce qu'un lion se trouvait dans le voisinage, et la présence de l'homme ne parvenait pas à rassurer ces animaux, tant est puissant l'instinct qui les pousse à fuir devant le roi des forêts.

Les Arabes prirent les dispositions nécessaires pour éviter une attaque nocturne; mais celle-ci n'eut pas lieu, et, le lendemain, en quittant leur campement, ils marchaient en ordre de bataille, afin de recevoir l'ennemi s'il s'avisait de se précipiter sur la troupe. Les mules et les hommes allaient au pas, serrés les uns contre les autres. Pour surcroît de précaution, l'on avait posté en tête et en queue du cortège un Kabyle, l'œil au guet, la main sur la gâchette et prêt à faire feu sur le moindre objet suspect.

Arago éprouvait alors un sentiment de curiosité véritable. Il lui tardait de voir se développer dans toute sa force et dans toute son agilité un félin semblable à ceux qu'il était habitué à caresser non sans quelques appréhensions, lorsque à Rosas il passait la main dans la cage de fer de ses compagnons de captivité. Mais, une fois la forêt traversée, la caravane reprit son allure ordinaire, et personne ne songea plus au lion, excepté l'astronome.

Son désappointement disparut bientôt devant la multitude des spectacles qui se déroulaient sans interruption devant ses yeux ravis. En effet, originaire des montagnes du Roussillon, il était habitué dès l'enfance à admirer les paysages de haute région, les sites qu'offrent à chaque instant les vallées habilement cultivées, où le paysan tire parti de la moindre couche végétale et profite de la disposition étagée du terrain pour capter le plus minime filet d'eau.

Dans ces magnifiques vallées, l'on sentait comme un avant-goût de l'âge de bien-être et de prospérité qui s'est développé de nos jours à l'ombre de notre justice, et qui fera la prospérité de ce pays malgré les dénonciations intéressées des ennemis des colons. Quoique Arago et Berthemie ne fussent point restés assez longtemps à Bougie pour y faire des observations sérieuses, ils étaient frappés de voir que le misérable enduit de bouse de vache qui protège le foyer des tribus arabes était successivement remplacé par des constructions plus solides ; partout surgissaient des maisons décentes, dont le mur était blanchi à la chaux. Des massifs d'oliviers, de grenadiers et d'orangers intelligemment disposés témoignaient non seulement de l'activité du propriétaire, mais de son savoir agricole.

Malheureusement ces pauvres Kabyles du Djurjura n'étaient pas dans une position d'esprit qui leur permit de faire montre des qualités hospitalières qu'ils peuvent posséder dans des temps calmes. En effet, la révolution qui venait de s'accomplir à Alger avait apporté dans leurs lointaines solitudes un nouvel élément d'inquiétude et de désorganisation.

CHAPITRE XXIV

Ahmed-Khodja avait envoyé dans la province de
l'est une expédition dont les débuts n'avaient point
été heureux, ce qui avait semé dans toutes les
casernes une incroyable agitation.

Grâce à quelques succès partiels qui avaient
momentanément calmé la milice, Ahmed-Khodja
avait pu croire qu'il allait échapper au sort cruel de
son prédécesseur.

Mais l'armée s'étant débandée, par un de ces
caprices communs aux troupes indisciplinées, se
retourna contre l'aga qui la commandait et le mas-
sacra.

Quand cette nouvelle arriva à Alger, chacun comprit que c'était l'arrêt de mort du dey et de tous les
grands de la Régence qui étaient attachés à sa fortune.

Ahmed-Khodja ne chercha pas à résister; mais il

s'efforça de trouver son salut dans la fuite, bien triste ressource dans une ville admirablement disposée pour servir de prison. En effet, Alger la bien gardée n'avait que cinq portes, qui, lorsque la milice était en insurrection, se trouvaient toujours immédiatement fermées.

Le malheureux prince commença par se cacher dans l'appartement de sa femme, et il parvint à sortir du palais en sautant sur le toit d'une maison voisine; mais il fut reconnu par quelqu'un des révoltés qui cernaient la Djenina : ceux-ci se mirent à sa poursuite. Un d'eux lui tira un coup de feu pendant qu'il cherchait à passer sur une autre terrasse. L'infortuné, atteint dans le dos, tomba tout sanglant dans la rue.

Sans attendre qu'il eût rendu le dernier soupir, un janissaire lui trancha la tête, et l'apporta en courant à la Djenina.

Les autres, se précipitant sur le cadavre, le traînèrent quelque temps dans les rues, puis le mirent en morceaux qu'ils accrochèrent aux piques de fer placées dans les différents quartiers pour recevoir les débris de la dépouille des suppliciés, qu'il était d'usage d'écarteler.

La milice mit alors sur le trône un certain Ali-ben-Mohammed, qui était employé dans une petite mosquée, où il exerçait les humbles fonctions de laveur des morts. C'était un homme d'une soixantaine d'années, tout à fait dépourvu d'instruction et ayant la réputation d'un fanatique, mais ne jouissant d'aucune influence personnelle. Sa candidature avait été improvisée par un janissaire nommé Omar, qui espérait arriver à un des premiers postes de la Régence et régner en réalité sous son nom.

Une fois sur le trône, Ali-ben-Mohammed se prit assez au sérieux pour pouvoir se permettre d'être un illustre ingrat. Il se hâta de nommer son protecteur au caïdat d'une ville éloignée. Omar, furieux, esquissa vivement une conspiration dans le but de faire étrangler le prince qu'il avait fait nommer quelques jours auparavant; mais le malheureux fut trahi par sa belle-sœur, qui avait la réputation méritée d'être la plus belle femme d'Alger et qui espérait que, par reconnaissance, le dey la prendrait pour épouse après avoir fait disparaître non seulement son beau-frère, mais encore son mari par-dessus le marché.

Le dey remplit la première partie du programme, et il répudia la femme avec laquelle il vivait depuis trente ans et qui était la fille d'un savetier d'Alger. Mais, au lieu d'épouser la beauté tragique qui n'avait pas craint de se frayer un chemin au trône par une criminelle délation à double effet, il s'enferma dans son harem avec deux jeunes esclaves grecques qu'il acheta un prix extravagant, et laissa la criminelle dans les mains de l'époux qu'Allah lui avait donné.

C'était un prince morose et soupçonneux, ayant gardé les habitudes lugubres de sa première profession, et qui proscrivit de sa cour l'usage de la musique, des danses et du vin. Sous son règne, une femme du monde, même du monde musulman, comme la belle traîtresse, aurait été parfaitement déplacée à la Djenina. L'ancien laveur de cadavres cherchait par tous les moyens possibles à se procurer de l'argent, afin de satisfaire aux exigences de la milice, qui étaient nécessairement immenses sous un prince aussi méprisé.

Il respecta d'abord la vie de Sidi Kadour, le beau-père du feu dey, se contentant de lui prendre les biens immenses qu'il avait acquis pendant le règne de son gendre. Mais, quand ce malheureux fut réduit à la besace, il feignit de croire qu'il était possesseur de biens qu'il dissimulait, et, comme il n'en pouvait rien tirer, il le fit périr sous le bâton.

Sa fille fut également torturée, aussi dans le but de lui arracher un secret qu'elle ne connaissait pas; mais, par une sorte de miracle, il daigna l'épargner après l'avoir fait assommer à moitié.

Comme un semblable règne ne pouvait durer longtemps, l'avènement d'Ali-ben-Mohammed avait été le signal d'une incroyable anarchie.

Chaque village kabyle était la capitale d'une petite république très jalouse de son indépendance et de son droit absolu de contrôler le passage des caravanes qui traversaient son territoire. C'est une conséquence des plus gênantes du régime de l'autonomie communale, à laquelle n'ont pas songé les Lycurgue et les Solon qui l'ont prônée dans nos contrées.

En effet, il fallait à chaque instant que le marabout se dérangeât de sa route pour aller pérorer avec les notables, qui représentaient le conseil municipal du lieu, afin d'obtenir leur adhésion.

Ces entrevues étaient toujours plus ou moins prolongées, au grand désappointement des voyageurs, obligés d'attendre quelquefois pendant des heures entières avant de faire un pas la décision que les *Koubar* avaient prise, car il suffisait d'un caprice d'une djamâ pour que la caravane dût rétrograder.

Il y avait cinq jours que l'on avait quitté Bougie, et l'on approchait de la petite ville arabe qui domine la vallée et se trouve en même temps à cheval sur le mauvais sentier conduisant de Constantine à Alger. Les deux Roumis se réjouissaient d'entrer sur la route la plus fréquentée de toute la Régence et qui était aussi praticable que peut l'être un chemin n'ayant pour tous travaux d'art que les restes de ceux qu'avaient exécutés les anciens Romains.

Mais là encore une surprise peu agréable attendait les voyageurs. Pour la première fois depuis qu'ils avaient quitté Bougie, ils trouvèrent devant eux l'indice d'une détermination bien arrêtée de ne les laisser passer à aucun prix. Les abords du village devant lequel ils arrivaient étaient fortement barricadés; on aurait dit que les indigènes appréhendaient que la caravane ne fût décidée à s'ouvrir un passage les armes à la main.

L'infatigable marabout fut dépêché encore une fois en avant, avec la mission de rassurer les montagnards et de leur bien faire comprendre qu'ils n'avaient point devant eux une expédition militaire, mais une colonne de paisibles voyageurs.

L'entrevue fut bien moins longue qu'on ne pouvait le supposer en voyant toutes ces fortifications improvisées.

Les braves Kabyles expliquèrent au marabout que les préparatifs de défense qu'ils faisaient étaient dirigés contre une tribu voisine, qui semblait à la veille de profiter de l'état de trouble de la Régence pour se jeter sur eux et les piller à leur profit en invoquant le nom du nouveau dey.

Le marabout s'empressa donc de faire signe d'approcher; ses compagnons obéirent avec un empressement facile à concevoir et franchirent la barricade sans défiance.

Un des moindres défauts du Kabyle du Djurjura n'est pas la superstition poussée à l'excès. La tête de ce cultivateur habile et laborieux, que l'on devrait croire plus raisonnable, est presque toujours bourrée de fantômes. Sa vie, qui pourrait s'écouler si paisible, est troublée, perturbée, empoisonnée par de folles terreurs, qui l'obsèdent même pendant la journée. Quand la nuit a commencé à étendre ses voiles, ses terreurs secrètes n'ont plus de limites. Jamais il ne consentirait à approcher de certaines mosquées en ruines qu'il croit hantées, soit par des djinns, soit plutôt par les mânes des malheureux qui y ont été assassinés. Pour lui, l'air est habité par des légions d'êtres surnaturels qui épient tous ses mouvements et sont au courant de ses moindres pensées. Certains arbres sont enchantés, certaines roches prononcent des paroles magiques, et certains animaux ont un pouvoir presque divin. Le spiritisme abject qui ravage les bas-fonds intellectuels des populations civilisées règne sous une forme naïve dans les magnifiques vallées où ce laborieux barbare passe en tremblant la majeure partie de sa vie.

Beaucoup plus volontiers que l'Arabe, il attribue à la femme le pouvoir de lire l'avenir et d'être en rapport direct avec les puissances surnaturelles. Cette croyance, que le sexe faible entretient soigneusement, entre peut-être pour quelque chose dans la manière humaine dont il la traite.

A l'époque du voyage d'Arago, la femme kabyle possédait la même situation morale que de nos jours ; elle avait une position bien supérieure à celle de sa sœur des plaines. Arago fut tout étonné de voir que, de même que la Mauresque, elle n'est point assujettie à rester constamment voilée, et que sa superstition n'allait pas jusqu'à croire que Dieu pouvait lui avoir fait un crime de montrer la beauté dont il a daigné lui faire présent.

Mais le jeune astronome ne devait pas tarder à constater, malgré lui, qu'elle était bien loin, hélas ! d'être au-dessus des préjugés de ses concitoyens.

Trouvant que les hommes avaient eu tort d'admettre si facilement les étrangers, une fille de la tribu sortit comme une furie de sa maison et, se précipitant sur la caravane avec un énorme gourdin, se mit à distribuer à droite et à gauche de violents coups de bâton, espérant que son exemple entraînerait ses compatriotes.

Ceux-ci restant immobiles, et les gens de la caravane ayant le bon sens de se borner à maîtriser cette forcenée sans chercher à lui rendre les coups qu'elle avait donnés, elle dut rentrer honteuse et confuse dans le gourbi d'où elle s'était élancée.

Arago remarqua qu'elle était fort jolie, que sa peau avait une blancheur éblouissante; elle avait des lèvres roses, des dents d'ivoire, des pieds et des mains d'une merveilleuse délicatesse, et sur ses épaules flottaient d'admirables cheveux blonds.

La halte suivante eut lieu dans un caravansérail assez vaste et fort commode, où toute la caravane put s'installer commodément. Après une nuit bien meilleure que les précédentes, les deux Français se disposaient à sortir de l'édifice hospitalier, lorsqu'ils entendirent les mots *Roumis, Roumis*, prononcés avec une animation extraordinaire. Ils avaient, en effet, été trahis, non pas par les matelots des *Trois-Frères* ou par les habitants de Bougie, mais par deux des Kabyles qu'ils avaient ramassés la veille et qui s'étaient aperçus sans peine de la présence de deux infidèles dans la caravane du marabout.

Bientôt ils virent entrer un des matelots essoufflé, hors d'haleine. Cet homme les avertit sans ménagements du danger qu'ils couraient. En effet, ce caravansérail était construit sur le territoire d'une tribu fanatique à laquelle le marabout ne pouvait faire entendre raison, et qui menaçait de lui faire à lui-même un mauvais parti.

« Vous n'avez qu'un moyen de vous sauver, ajoutait-il dans son mauvais patois, mélange grotesque d'arabe, d'espagnol, d'italien et de français que l'on connaît à Paris, par l'usage que Molière en a fait, et qui n'a pas changé depuis. Il faut vous joindre à la prière que les Kabyles vont faire, dès que le soleil va paraître à l'horizon. »

Il n'y avait pas à hésiter un seul instant. En conséquence, Arago et Berthemie s'avancèrent gravement au milieu de la foule et, se prosternant vers l'orient, prononcèrent en mauvais arabe les mots sacramentel : « Il n'y a de dieu que Dieu et Mahomet est le prophète de Dieu. »

Cette démonstration suffit pour désarmer la colère de cette multitude, qui fit un excellent accueil aux deux nouveaux musulmans. En effet, le marabout avait profité de la circonstance pour expliquer aux Kabyles que les deux Roumis qu'il avait dans sa caravane se rendaient à Alger dans le but de se convertir à la religion du Prophète.

Depuis lors, le voyage s'exécuta sans autres difficultés que celles que la nature oppose aux communications entre la Kabylie et la capitale de l'Algérie.

Une fois arrivés à la route de Constantine à Alger, les voyageurs passèrent dans la vallée des Issers, puis dans celle du Mazafran, qu'ils traversèrent à l'endroit encore appelé le gué de Constantine, et, quelques heures après, ils entraient à Alger la Bien Gardée.

Les soldats qui veillaient aux portes les félicitèrent chaudement d'avoir accompli un voyage si difficile et que le dey, dirent-ils, n'oserait point entreprendre. Mais Arago se garda bien de raconter comment ils s'y étaient pris pour échapper à la fureur des Kabyles. En effet, d'après les lois de l'Islam, en récitant ainsi la *Fattah*, les deux voyageurs avaient abjuré la foi chrétienne, à laquelle ils ne pouvaient revenir sans être punis de mort. Ils étaient donc considérés comme renégats et devaient, par conséquent, passer le reste de leur vie dans les pays musulmans.

Il est vrai que, en échange de cette obligation, le gouvernement de la Régence devait faire les frais de leur établissement, et même leur donner au moins une femme par-dessus le marché.

CHAPITRE XXV

Les deux chrétiens se firent conduire à la djenina,
afin de présenter au dey le marabout qui les avait
sauvés et d'obtenir en sa faveur le manteau rouge
qu'il convoitait.

Ali-ben-Mohammed avait bien « d'autres chiens
à fouetter » que de recevoir en ce moment deux
chrétiens ayant traversé la Kabylie et de récompen-
ser l'Arabe qui les avait guidés.

En effet, les soldats de la caserne Verte, une des
plus importantes de toutes, s'étaient mis en insurrection contre lui et demandaient sa tête, sans que
ce nouveau caprice eût d'autre cause que le besoin
incessant de changement qui dévorait la milice
invincible.

Arago arrivait donc juste à temps pour assister à
une de ces catastrophes, auxquelles on ne peut donner le nom de révolution, qui émaillent l'histoire
politique de la régence d'Alger. Faut-il s'étonner

si, ayant contemplé une de ces scènes horribles, et ayant failli en devenir victime, de la même manière que les otages de la Commune de Paris, le délégué de la Commission du mètre rapporta de ses voyages cette haine vigoureuse de l'anarchie qui ne refroidit pas son amour de la Liberté et qui en fit le modèle du véritable républicain?

Au lieu d'avoir recours à la force, qui leur aurait du reste probablement fait défaut, les grands de la Régence s'étaient rendus auprès des révoltés afin d'employer la persuasion, arme bien rarement efficace sur des hordes indisciplinées, n'ayant d'autre règle que d'obéir à leurs brutales passions.

Cependant, par extraordinaire, les janissaires se laissèrent toucher et se contentèrent de réclamer une gratification, qu'on s'empressa de leur promettre, sans se préoccuper bien entendu de la manière dont on s'acquitterait de l'engagement que l'on prenait.

Les deux Français ne pouvaient sans quelque danger attendre le résultat de négociations si délicates; ils déterminèrent donc le marabout à les suivre au consulat de France, où M. Dubois-Thainville s'empressa de lui donner les piastres fortes qu'il avait si bien gagnées. Quant au burnous rouge, il lui fit comprendre qu'il n'y avait que le dey qui pût lui conférer le droit de le porter; mais il lui promit d'user de toute son influence auprès de Son Altesse pour que cette faveur lui fût accordée.

Quand l'affaire du marabout fut expédiée, Dubois-

Thainville s'occupa de ses deux compatriotes, qui étaient dans un état de maigreur inouïe et pouvaient à peine se traîner.

Il était complètement impossible de songer à les renvoyer en France en ce moment, car ni l'un ni l'autre n'auraient eu la force de supporter la traversée. D'un autre côté, les instruments de la mission scientifique étaient restés à Bougie; il fallait attendre que l'état de la mer permît de les ramener.

L'officier d'ordonnance de Sa Majesté l'Empereur des Français et le jeune secrétaire du Bureau des Longitudes prirent leur mal en patience. En effet, malgré la sécheresse qui régnait presque sans interruption depuis la fin de l'été, la campagne d'Alger était ravissante. Les consuls des diverses nations profitaient l'un après l'autre de la douceur de la température de l'hiver pour donner de grands bals, auxquels les deux Français étaient constamment invités.

Ces fêtes étaient d'autant plus brillantes, à la fin de 1808 et au commencement de 1809, que la cour du dey était plus morne et que les grands de la Régence cherchaient à se dédommager, en dansant chez les Roumis, des privations de tout genre auxquelles l'humeur taciturne de l'ancien laveur de cadavres les condamnait.

De semblables réunions offraient un mélange véritablement surprenant du luxe arabe et du luxe européen. La civilisation moderne trouvait dans l'art indigène un concours d'autant plus remarquable et

fascinateur, que les classes dirigeantes de la Régence, enrichies par plusieurs siècles de piraterie
heureuse et par les offrandes volontaires de tous
les dévots du monde musulman, possédaient une
opulence dont, depuis la conquête, il ne nous est
pas permis de nous faire une idée satisfaisante, car
il ne leur en est plus resté que quelques débris
insignifiants.

Malgré sa proximité de l'Europe, Alger était à
cette époque un des points les plus mystérieux du
monde et, par conséquent, un de ceux qui devaient
le plus vivement solliciter la curiosité d'Arago. Aussitôt qu'il fut guéri de la fièvre qui le minait, ce qui
ne tarda pas, grâce à sa jeunesse et à sa robuste
constitution, il se mit à visiter le nid des pirates,
qui occupait un espace bien moindre que de nos
jours. En effet, la ville finissait et commençait alors
à Bab-Azoun et à Bab-el-Oued, qui se trouvaient à
l'entrée des places portant encore leur nom. Elle
était tout entière renfermée dans l'enceinte des
anciennes fortifications mauresques dont on peut
encore apercevoir les traces aujourd'hui, et qui
ne circonscrivaient pas une surface beaucoup plus
grande que celle de l'île de la Cité à Paris. Le la-
byrinthe de rues étroites et tortueuses, la plupart
construites sur le versant d'une colline escarpée,
était rempli de tant d'objets étranges, et parcouru
par des êtres si bizarres, que le jeune astronome ne
pouvait se lasser de s'égarer dans les plus inextricables recoins.

Arago eut pour guide le chaouch du consulat, dont la force athlétique et le dévouement bien connu pour la France inspiraient le respect. Mais il ne tarda pas à reconnaître qu'il était encore mieux accueilli lorsqu'il avait recours à la protection du Père Josué, prêtre lazariste qui habitait la Régence depuis près de trente ans et que tous les musulmans vénéraient. En effet, il n'y avait peut-être pas de famille musulmane à qui il n'eût rendu quelque service essentiel en temps d'épidémie; sa charité inépuisable s'étendait à tous les êtres souffrants, sans aucune distinction de nation ni de religion. Il avait supporté avec une résignation tout évangélique la misère à laquelle il avait été condamné par la suppression des ordres religieux en France, et cette circonstance n'avait pas diminué son dévouement pour sa patrie. Sa seule affliction provenait de l'impossibilité à laquelle il se voyait réduit de racheter les captifs, auxquels il se bornait à prodiguer ses nobles consolations. Quoiqu'il fût réduit à vivre lui-même de la charité publique et à tendre la main aux ennemis du Christ, ce digne prêtre trouvait cependant les moyens de prélever en faveur des forçats une part sur les aumônes qu'il recevait.

Depuis l'arrivée de M. Dubois-Thainville, il était un peu plus à l'aise. En effet, le ministre des affaires étrangères lui avait fait accorder un subside régulier, dont les malheureux profitaient beaucoup plus largement que lui.

Pendant que les consuls donnaient des fêtes

et qu'Arago visitait ainsi la ville d'Alger, le mécontentement de la milice augmentait. Les concessions que le dey lui faisait étaient loin de la satisfaire. Les janissaires de la caserne Verte, revenant sur leurs décisions, se mirent une nouvelle fois en insurrection. Dans les premiers jours de mars, on vit arriver au consulat les juifs protégés de la France, qui accouraient éperdus, apportant avec eux leurs objets les plus précieux pour les dérober aux révoltés. En effet, le drapeau rouge avait été arboré sur la djenina et annonçait à toute la ville que l'heure du pillage, de l'assassinat et de l'impunité avait sonné.

Arago assista donc à une de ces saturnales, que quelques imaginations maladives rêvent d'introduire dans notre cher Paris, et pendant lesquelles toutes les lois protectrices de la propriété, ainsi que de la sécurité des habitants, se trouveraient suspendues. Il a vu de près ces orgies dégoûtantes, que la France n'a certainement pas supprimées en Afrique pour les importer dans son propre sein.

On n'eut pas cette fois beaucoup de peine à s'emparer de la personne d'Ali-ben-Mohammed, qui ne songea ni à se défendre ni à s'enfuir, mais qui essaya d'attendrir ses bourreaux.

Le malheureux dey les suppliait de lui permettre de se retirer en Asie Mineure, déclarant qu'il ne chercherait jamais à en revenir.

« Laissez-moi vivre, leur disait-il avec larmes, je ne porterai pas le trouble chez vous, » et le malheureux vieillard se roulait à leurs pieds.

Mais une pareille issue de la révolution n'était pas conforme à la tradition et blessait l'amour-propre des farouches janissaires entre les mains desquels il se trouvait.

« Vous avez été nommé dey pour toute votre vie, lui fut-il répondu avec un sang-froid inexorable ; par conséquent, comme vous cessez d'être dey, il faut que vous cessiez de vivre. »

Mais, touchés par la docilité d'Ali-ben-Moham-med, ils lui offrirent de boire une tasse de « mauvais café », c'est-à-dire du café dans lequel on a mélangé de la poudre de diamant qui déchire les entrailles et amène la mort rapidement, sans douleurs bien vives.

Ali-ben-Mohammed refusa de se prêter à ce genre de supplice, prétextant que le Koran défend aux musulmans d'attenter à leur vie, et déclarant que, puisqu'il fallait mourir, il préférait être exécuté.

Cette demande était trop légitime pour que les janissaires n'y fissent pas droit. Ali-ben-Mohammed fut donc conduit au lieu réservé au supplice des malfaiteurs, près de la porte Azoun.

Le genre de mort pour lequel le dey détrôné avait manifesté la préférence n'avait rien de véritablement séduisant. En effet, c'était ordinairement à deux reprises différentes que l'on étranglait le patient. On commençait d'ordinaire par serrer le cordon assez vivement pour qu'il fût suffoqué. Alors on suspendait l'opération et on jetait de l'eau au visage de l'infortuné, afin qu'il reprît ses sens ; quand il était revenu à lui et qu'il comprenait bien l'horreur du supplice dont il n'avait encore senti que l'avant-goût, on l'expédiait définitivement.

Ali-ben-Mohammed fut traité d'une façon plus humaine et étranglé d'un seul coup. Mais, malgré leur indulgence exceptionnelle pour un patient d'une humeur si accommodante, ses bourreaux ne purent lui épargner une torture morale d'un genre tout particulier.

Grâce aux pourparlers singuliers que nous avons relatés et au défaut de résistance de la part du peuple, car l'ancien laveur de cadavres n'avait ni camarades ni amis dévoués qui voulussent se compromettre pour empêcher sa chute, tout était fini à la djenina avant que le prince détrôné arrivât à Bab-Azoun.

Le drapeau vert de la Mecque avait remplacé le drapeau rouge de l'interrègne au moment où l'on allait lui mettre la corde au cou.

Le malheureux put donc entendre les salves d'artillerie annonçant l'avènement de son successeur. S'il avait eu la curiosité de connaître son nom, on aurait eu tout le temps de satisfaire une si légitime curiosité. Mais Ali-ben-Mohammed était trop près de l'autre monde pour songer à poser une semblable question.

Autant le dey qu' venait d'être étranglé était d'humeur pacifique, autant celui que la milice venait d'élire était de nature cruelle et avait des habitudes tracassières.

C'était un fanatique qui, ayant fait le pèlerinage de la Mecque, croyait que son titre de hadji l'obligeait à détester et à maltraiter les infidèles. Cette manière de conquérir le paradis de Mahomet le séduisait d'autant plus qu'il y voyait un moyen d'augmenter son trésor, en pressurant les chiens de chrétiens de toutes les manières possibles.

Le caïd de Bougie lui apprit que les deux Français qui étaient arrivés à Alger en suivant le chemin de la côte avaient laissé dans sa ville deux caisses sur lesquelles ils lui avaient recommandé de veiller avec le plus grand soin, et qui devaient contenir, par conséquent, leur trésor. Immédiatement le nouveau souverain ordonna qu'on les apportât à Alger, en prenant les plus grands soins pour que personne ne pût les ouvrir, ce qui était fort à craindre. En effet, le bruit s'était répandu dans la population qu'elles étaient pleines de pièces d'or.

Quoique placé à la tête d'un gouvernement de forbans, le dey se piquait de donner à ses actes arbitraires un vernis de régularité. En conséquence, dès que les barques de Bougie furent arrivées à Alger, le gouvernement envoya un janissaire apporter aux deux Français l'ordre d'assister à l'ouverture des coffres qu'elles apportaient. Ni Berthemie ni Arago ne songèrent à se soustraire à une invitation qui ne leur était point désagréable, malgré la manière brutale dont elle leur était donnée. Ils se rendirent donc à la marine avec un grand empressement, s'imaginant qu'on allait leur restituer les objets qu'ils attendaient pour demander leur permis d'embarquement. Mais quand il comprit qu'on voulait les visiter dans le but de les confisquer, Arago crut de son intérêt et de sa dignité de déclarer que les caisses étaient la propriété du gouvernement français, qu'elles ne contenaient que des instruments d'astronomie ayant servi à la mesure de la méridienne, opération dont il avait été chargé dans le but d'être utile aux hommes de toutes les nations, y compris les musulmans d'Alger.

Les pirates ignoraient naturellement ce que le drogman du consulat essayait de faire comprendre, et dont lui-même était loin de se faire une idée exacte; mais ce qu'ils virent bien, c'est que le trésor sur lequel ils comptaient mettre la main s'évanouissait. Il n'y avait pas de pièces d'or, mais des morceaux de cuivre façonnés d'une façon bizarre et des verres taillés d'une façon non moins extraordinaire.

Un dey ressemble un peu à un crocodile qui, quand une fois il a ouvert la gueule, est désespéré de la refermer sans qu'il s'y trouve une proie. Hadji-Ali avisa donc aux moyens de se dédommager en extorquant quelque argent aux Français.

Son ministre des finances lui révéla que la Régence avait libéré cent six esclaves génois, pour lesquels Ali-ben-Mohammed avait oublié de réclamer une rançon. En les taxant à mille piastres fortes par tête, c'était une somme de sept à huit cent mille francs que le gouvernement français devait au trésor de la milice. Il était temps de rentrer dans cette créance, que le prédécesseur de Son Altesse aurait laissé périmer, si Dieu et la milice n'avaient appelé sur le trône d'Alger un prince plus digne de commander.

L'esclavage est comme une lèpre qui infecte tout ce qu'il touche, et les relations de la France avec la Régence avaient, à cette époque, comme celles de toutes les autres nations, un caractère de marchandage véritablement révoltant.

En obtenant la grâce des cent six captifs de Gênes, le consul de France avait promis de faire mettre en liberté les corsaires algériens que le gouvernement portugais tenait au bagne de Lisbonne, où les Français venaient d'entrer plus en libérateurs et en amis qu'en véritables conquérants.

Mais le dey avait dans son bagne trois cents esclaves portugais, et les corsaires de la Régence venaient, dans un seul coup de filet, d'en ramasser plus de cent.

Les Portugais se refusaient donc à relâcher les Algériens qu'ils retenaient aussi longtemps que plus de quatre cents de leurs compatriotes gémiraient dans les bagnes du dey.

Ces malheureux, qui n'avaient espoir qu'en la France, affectaient les sentiments de la plus vive admiration pour la personne de l'Empereur, et le plus grand enthousiasme pour la nation française. Ils venaient de signer une protestation unanime contre des libelles antifrançais imprimés en Europe et introduis dans la Régence par un navire anglais.

Dubois-Thainville ne pouvait pas abandonner des clients si dévoués à Sa Majesté. Que dirait-on à Lisbonne si le consul de France refusait de s'occuper d'eux, s'il les abandonnait sous prétexte de ne pas manquer de parole aux pirates, et dans le but sordide de ne pas payer la rançon des Génois? Quel parti ne tirerait pas de cette faiblesse la perfide Albion?

La négociation fut longue, orageuse; mais le Divan se montra inflexible dans ses réclamations. Dubois-Thainville, poussé à bout, déclara qu'il allait en référer à son gouvernement.

Mais le dey, qui se défiait de la diplomatie, refusa de se prêter à tous ces atermoiements; il dit au consul qu'il allait lancer ses corsaires contre la France, à laquelle il allait déclarer la guerre, et qu'il devait se considérer comme prisonnier; il ajouta même que, le lendemain, il l'enverrait chercher par ses chaouch pour le mettre au bagne avec tous ses compatriotes réfugiés dans la Régence.

Il y avait à Alger, outre le colonel Berthemie et Arago, un certain nombre de malheureux Français qui avaient préféré l'hospitalité barbaresque aux poignards espagnols. Confiés, les uns au drogman, les autres à quelque marin italien compatissant, ils attendaient avec une impatience facile à concevoir l'ordre de leur embarquement. Si la vie était tolérable et même agréable dans une habitation élégante, au milieu des splendeurs des campagnes de Sahel, elle n'était qu'un long martyre au milieu de la popula-

tion la plus fanatique qui fût au monde. Alger ne
contenait pas moins de cent mosquées, qui toutes
avaient leurs desservants, leurs domestiques vivant
de fondations pieuses réparties dans tout l'Orient,
et croyant gagner leur salaire en ne négligeant point
une si belle occasion de manifester leur haine contre
les chrétiens.

L'arrivée de la dernière fournée de fugitifs et leur
installation avaient donné lieu à une explosion de joie
bruyante et dangereuse, de sorte que les infortunés
plongés dans cette fournaise musulmane regret-
taient presque, en ces moments terribles, de ne point
avoir succombé sous le fer des Catalans, des Major-
quins ou des Sévillois.

Cette menace proférée contre le consul de France
n'était pas une vaine parole, mais elle indiquait une
résolution bien arrêtée dans la tête de Hadji-Ali. Dès
le lendemain matin, on voyait arriver sur la route
d'El-Biar des chaouch chargés de la mettre à exécution. Ils ordonnèrent à M. Dubois-Thainville de
les suivre à Alger, et ils n'oublièrent pas d'emme-
ner ses deux hôtes, cause innocente de cette crise
provoquée par les espérances de pillage que leurs
bagages avaient allumées sans malheureusement
les assouvir en aucune façon.

Les trois Français durent obéir si rapidement, que
le consul eut à peine le temps de dire à sa femme
comment elle devait utiliser la bonne volonté de ses
collègues, et de quelle manière elle devait s'y prendre pour le tirer de ce mauvais pas.

Arago et Berthemie allaient donc éprouver le sort de Regnard, de Cervantès et de Pananti, trois illustres captifs représentant l'un la France, l'autre l'Espagne et le troisième l'Italie, tous trois aussi différents par leur génie, leur nation et les aventures qui avaient amené leur esclavage. L'un était soldat, l'autre touriste et le troisième proscrit; le premier, arraché à ses amours, le second à sa carrière militaire, et le troisième au moment où, après un long exil, il allait revoir sa patrie; tous trois, saisis avec une brutalité égale, avaient l'un après l'autre, dans ces lieux maudits, payé successivement leur tribut à l'ignorance, à la superstition !

Comme ces trois hôtes illustres d'une prison infâme, un vaillant soldat et un intrépide astronome allaient éprouver la vérité de ces paroles de Dante qu'on aurait dû inscrire en lettres de sang sur les portes du bagne d'Alger : « Vous qui entrez ici, laissez toute espérance. »

Ne fallait-il pas que la science vînt revêtir la casaque du forçat, dans un pays où la civilisation n'avait point encore pénétré, mais où la force et l'insubordination, ces deux saintes adorées par tous les énergumènes invoquant faussement le nom de la Liberté, régnaient en réalité, sous le nom de Mahomet.

CHAPITRE XXVI

C'est dans une des cellules de ce bagne détruit
par nos vaillants soldats qu'Arago et Berthemie
devaient être enchaînés côte à côte. Doué d'un caractère bouillant, vaillant et impétueux, le jeune
astronome n'aurait pu longtemps supporter le traitement barbare auquel les pensionnaires de ce
lieu lugubre se trouvaient assujettis. Comme le valeureux Cervantès, qui l'avait précédé dans ces cachots, il aurait réclamé la mort plutôt que de traîner
pendant d'interminables mois une si épouvantable
existence.

Heureusement, le consul de Suède avait conservé
sur le Divan une influence hors de proportion
avec les forces militaires de la nation qu'il représentait. Ce diplomate était dévoué corps et âme à son
confrère le cousin de Bernadotte et à ses hôtes.

Il parvint à arracher au dey la mise en liberté
provisoire du colonel et de l'astronome, à la condi-

tion expresse que leur protecteur verserait immédiatement pour chacun d'eux une garantie pécuniaire et que leurs noms seraient inscrits sur les contrôles du bagne.

Dans l'opinion d'un despote grossier, c'était une humiliation et une assertion de ses droits qu'il considérait comme indispensable à l'éclat de sa puissance. Cependant il consentit à dispenser les deux forçats *honoraires* de séjourner à Alger, et le consul de Suède fut autorisé à leur donner l'hospitalité dans sa résidence.

Quant à M. Dubois-Thainville, son cas était beaucoup plus grave : le dey consentait bien à ne pas le mettre à la chaîne, mais il fallait qu'il restât dans l'intérieur de la ville, toujours à la portée des argousins, qui, à la première fantaisie du prince, l'entraîneraient au bagne et l'y enchaîneraient à côté des véritables forçats.

M. Dubois-Thainville fut donc astreint rigoureusement au séjour d'Alger, obligation désagréable, dangereuse, et qui aurait facilement pu devenir mortelle. En effet, la moindre épidémie prenait fatalement des proportions terribles dans une ville aussi sale et aussi peuplée.

Pendant ce temps, MM. Berthemie et Arago pouvaient se prélasser en liberté sous les ombrages de la vallée des Consuls ou du Frais Vallon; mais les inquiétudes qu'ils avaient sur leur sort et la crainte de perdre le répit qu'ils devaient à une protection généreuse n'empoisonnaient que trop cruellement les « loisirs que leur laissait la singulière générosité du dey ».

Le consul de Suède lui-même n'était point sans appréhensions sur son propre compte, car les vicissitudes de la politique de son pays pouvaient mettre brusquement un terme au payement de la rente qui avait mis d'une façon si opportune comme une espèce de frein à la fureur des musulmans.

La position était d'autant plus critique pour les Français, qu'en se voyant arrêté, M. Dubois-Thainville avait écrit au ministère des affaires étrangères pour prier l'empereur de placer tous les Algériens qui habitaient la France en état d'arrestation et de séquestrer leurs biens.

Ces mesures, qui n'étaient que trop légitimes, semblaient devoir tourner contre les Français, qui étaient à la discrétion de Hadji-Ali. Aussi le consul de Suède ne s'endormit pas.

Non content d'avoir obtenu la liberté provisoire de l'astronome, ce diplomate se rendit chez M. Blankeley. Mettant très habilement en avant l'intérêt de la science, il supplia son collègue de donner son assistance à un astronome arraché depuis si longtemps à ses travaux, porteur d'observations indispensables à l'exécution d'une entreprise au succès de laquelle toutes les nations civilisées étaient également intéressées, et rapportant en France des instruments destinés à devenir historiques à cause des opérations mémorables auxquelles ils avaient été employés. Plus généreux et plus intelligent que l'amiral anglais ne l'avait été à Palma, le représentant de Sa Majesté Britannique se laissa toucher.

Le surlendemain, M. Blankeley alla au Divan pour faire une démarche auprès d'Hadji-Ali-Khodja, qu'il trouva de bonne humeur et avec lequel il s'entretint longuement. Il essaya de profiter de cette disposition favorable d'esprit du dey pour lui faire comprendre que la mesure de la méridienne est une grande entreprise, digne de la sympathie des vrais musulmans, et que les savants chargés de l'exécuter devaient mesurer la distance qui sépare Alger de la Mecque, quantité dont la connaissance est utile aux pèlerins. Une aussi sainte opération ne pouvait s'effectuer, ajoutait le consul, qu'en observant les étoiles qui éclairent le firmament.

Le dey était un homme encore jeune, à la physionomie vive et expressive, qui écoutait son interlocuteur avec un intérêt manifeste. M. Blankely croyait déjà sa cause complètement gagnée; mais, se levant brusquement, le prince s'écria d'un ton qui n'admettait point de réplique :

« Je ne peux permettre à aucun Français de quitter le sol de la Régence, puisque tous sont en guerre avec moi. Je ne ferai aucune exception pour cet astronome et il n'y a aucune raison pour en faire. En effet, s'il veut étudier les étoiles, n'a-t-il pas les montagnes qui sont dans les environs d'Alger et sur lesquelles il est parfaitement libre de grimper? »

Voyant bien qu'il était impossible de tirer autre

chose de son interlocuteur, le consul salua Son Altesse et disparut.

Arago devait donc renoncer à l'espérance de revoir la France; aucun indice ne permettait de deviner la durée de la captivité à laquelle il se voyait condamné, lorsque de nouveaux intérêts furent mis en jeu dans ce drame déjà si compliqué.

N'ayant pu obtenir de la Régence ni le départ de sa femme ni celui des Français, M. Dubois-Thainville refusa de signer les expéditions des navires en destination de Marseille. Les marchandises s'accumulèrent dans le port au grand détriment du commerce. De toutes parts des plaintes surgirent. Mais M. Dubois-Thainville fut inébranlable : il déclara qu'il ne signerait aucune autorisation jusqu'à ce que les juifs algériens consentissent à avancer la somme que le dey réclamait pour prix des permis d'embarquement dont les Français avaient besoin. On eut beau menacer, le consul ne donna son consentement que lorsque le dey eut encaissé son argent et qu'il eut en poche les passeports indispensables.

Lorsque cet arrangement fut accepté, on arma une escadrille composée de six navires chargés de barils de sucre et de café venant des États-Unis d'Amérique; on la plaça sous la conduite du capitaine de la polacre algérienne *Aziza*, qui était armée en guerre et dont tout l'équipage était composé de marins algériens.

Ce reïs avait non seulement les passeports que les consuls des nations en paix avec la Régence donnaient à ses croiseurs, mais une licence impériale lui permettant d'importer à Marseille les marchandises prohibées par le blocus continental. C'était une infraction que le gouvernement français autorisait quelquefois aux règles absolues dictées par sa politique et qui représentait une somme considérable, à cause du prix extraordinaire auquel s'élevaient toutes ces denrées.

Le consul, sa famille et les deux Français échappés au poignard des Espagnols prirent passage à son bord, où la partie réellement précieuse des cargaisons se trouvait accumulée.

Le départ de cette petite flottille eut lieu le 21 juin, après une audience du dey et avec une certaine solennité. Le consul de France fut accompagné au port par le ministre de la marine, tous ses collègues et un grand nombre d'Européens. Lorsque l'escadrille prit la mer, elle fut saluée par les coups de canon d'usage lors de l'embarquement du pacha délégué par le sultan pour apporter le burnous d'investiture au dey. Mais la pompe inusitée de cet appareillage ne devait pas empêcher le délégué du Bureau des Longitudes d'être exposé à une nouvelle captivité, à laquelle il n'échappa que par miracle.

Après neuf jours de navigation qui n'offrirent aucun incident saillant, l'*Aziza* et son convoi arrivèrent en vue de Marseille. Mais une corvette anglaise croisait devant le port, avec des intentions qu'il n'était que trop facile de deviner.

Voyant qu'une embarcation s'en détachait pour l'aborder, le capitaine algérien fit cacher tous les Français dans la chambre et s'avança près de l'officier, qu'il rencontra près de l'échelle. Il lui montra ses papiers l'autorisant à ne point tenir compte du blocus, et annonça l'intention d'accompagner la corvette aux îles d'Hyères, où se trouvait alors l'amiral Collingwood, pour protester contre tout acte de violence, dans le cas où il se croirait autorisé à séquestrer un seul des navires dont la protection lui avait été confiée par Son Altesse le dey d'Alger.

L'officier retourna immédiatement à son bord raconter ce qui se passait. Le capitaine n'hésita pas un seul instant : il fit mettre immédiatement à la mer des embarcations pour amariner tous les navires faisant partie du convoi.

Le reïs fit d'abord quelques manœuvres afin de persuader au capitaine de la corvette qu'il allait le suivre. Mais dès qu'il se jugea hors de portée, il changea brusquement de route, se couvrit de voiles et mit le cap vers l'île Pomègue; à cinq heures du soir, au moment où l'*Aziza* allait jeter l'ancre, on aperçut l'anglais qui revenait, toutes voiles dehors. Le navire algérien était trop près des côtes pour que l'ennemi crût prudent de continuer sa tentative. Il s'éloigna, après avoir reconnu qu'il eût été impossible d'enlever la polacre sous le canon des forts.

La nuit suivante, on vit encore rôder des embarcations anglaises qui essayaient d'approcher du navire à la faveur des ténèbres; mais, voyant sans doute que les Algériens faisaient bonne garde, elles disparurent.

Arago était sauvé, ainsi que tous les papiers de la mission du mètre. Il ne restait plus que les embarras et les ennuis d'une quarantaine, qu'à cette époque on croyait presque toujours nécessaire pour les provenances de la Régence.

Aussitôt que M. Famin, agent du ministère des affaires étrangères à Marseille, eut connaissance de l'arrivée de M. Dubois-Thainville et de sa famille au lazaret de Marseille, il s'empressa de se rendre au guichet et d'adoucir autant que possible les ennuis auxquels un diplomate allié aux familles royales d'Espagne et de Suède se trouvait condamné. Son élégante compagne faisait les honneurs du parloir avec autant de grâce que ceux du salon de sa villa de la vallée des Consuls, et sa fille, la petite Irène, costumée en Algérienne, excitait l'admiration. Le colonel Berthemie était également visité par les officiers de la garnison. Il n'y avait qu'Arago qui ne reçût personne et qui n'attendît point d'amis. Car de Marseille à Estagel un voyage était beaucoup plus long que de nos jours, et il était évident qu'aucun membre de sa famille ne l'entreprendrait, afin d'abréger de quelques jours le moment où celui qu'on croyait mort se jetterait dans ses bras.

Tout d'un coup le timbre qui annonçait les visites retentit du nombre de coups correspondant à la cellule du délégué du Bureau des Longitudes.

Le personnage qui se présentait appartenait à

l'observatoire de Marseille, mais il n'en était que le portier. Il n'y avait que l'honnête Pons — c'est ainsi que l'on nommait ce brave fonctionnaire — qui eût senti le devoir d'aller se mettre à la disposition du jeune astronome en apprenant sa délivrance et son heureuse arrivée.

Il est vrai que ce portier se levait la nuit quand son maître dormait, et découvrait des comètes dont son maître dédaignait de s'occuper.

Arago n'oublia jamais les visites de cet ardent chercheur. Grâce à sa protection et à celle du baron de Zach, le pauvre Pons fut recueilli par l'impératrice Marie-Louise, qui régnait à Parme, quand son maître, voyant qu'il finissait par devenir illustre, commença à se fâcher. Si la veuve de Napoléon Ier mit à la disposition de cet émule de Messier un observatoire, où il put continuer ses recherches jusqu'à la fin de sa vie, c'est grâce au séjour que fit au lazaret de Marseille l'illustre forçat honoraire du bagne d'Alger.

Bientôt après Arago reçut une lettre de M. de Humboldt, savant allemand à l'affût des illustrations naissantes. Devinant avec une véritable sagacité l'immense avenir scientifique réservé au jeune voyageur, cet étranger venait lui demander son amitié. Arago accorda noblement ce qui était sollicité d'une façon si étrange; il resta fidèle pendant toute sa vie à cette singulière liaison, formée au milieu des ennuis d'une énervante captivité.

Une fois admis en libre pratique, Arago retourna

à Estagel pour embrasser ses parents, qui l'avaient plus d'une fois pleuré et qui le retrouvaient devenu tout d'un coup célèbre, rempli d'ardeur, d'enthousiasme, rêvant un brillant avenir et ne devinant pas celui qui allait s'ouvrir devant lui. Mais il ne put longtemps s'abandonner à ces joies de famille, car on lui écrivit de Paris pour lui apprendre que ses amis avaient improvisé en sa faveur une candidature académique dans la section d'astronomie.

Le succès de la mission du mètre commençait à porter ses fruits, et la science française se trouvait en quelque sorte récompensée de ses longs travaux par la révélation inattendue des mérites d'un jeune homme dont la gloire devait être une partie essentielle de celle de la patrie.

Malgré son extrême jeunesse, Arago obtint la presque unanimité des suffrages, et la voix de l'auteur de la *Mécanique céleste*, peu favorable aux voyageurs, lui fut même donnée. Il assistait en qualité de membre de l'Académie des sciences à la séance solennelle de 1809, alors que Biot faisait, aux applaudissements du tout Paris d'alors, le récit des obstacles dont les deux délégués du Bureau des Longitudes avaient eu à triompher pour mettre la dernière main à la vérification des mesures prises par leurs devanciers.

Les travaux de Méchain, de Delambre, de Biot et d'Arago ont été bien des fois analysés dans un esprit hostile, scrutés et étudiés dans l'espérance d'y trouver assez de fautes pour les faire recommen-

cer. Mais toutes les discussions ont été impuissan-
tes pour modifier ce qui a été établi une fois pour
toutes dans l'intérêt des hommes de tous les âges
et de toutes les nations. Les critiques de l'avenir ne
seront pas plus heureux.

Les empires, les royaumes ou les républiques qui
couvrent la surface de la terre disparaîtront certainement comme les États qui les ont précédés, de
nouvelles îles surgiront du sein des flots, des continents s'effondreront peut-être comme la mystérieuse
Atlantide dont parle le divin Platon ; mais tant qu'il
vivra encore dans un coin de notre planète des
hommes appréciant les bienfaits de la civilisation,
les grands événements scientifiques que nous avons
résumés occuperont une place à part dans la mémoire des générations. Les mesures établies à la
suite de ces voyages et de ces expériences préside-
ront aux œuvres de la science et aux transactions
du commerce et de l'industrie. Elles braveront les
attaques de la violence ou de la mauvaise foi. L'admiration de nos plus lointains neveux s'attachera
au nom des savants qui ont mis la main à ce grand
œuvre ; mais en même temps l'indignation de tous
les amis de la justice et de l'humanité sera la récompense des scélérats de toute espèce qui ont
exploité les passions populaires pour arrêter cette
grande réforme. Elle les poursuivra avec autant de
persévérance, qu'ils portent le froc ou la blouse, le
bonnet rouge ou le turban.

Tous nos vœux les plus chers seront accomplis

si notre plume honnête et véridique a pu contribuer pour son humble part à exciter en même temps de justes admirations et de salutaires indignations.

Puissions-nous avoir également réussi à montrer que l'amour de la science est en quelque sorte naturel aux Français ; qu'il a produit des résultats glorieux même au milieu de la plus terrible des convulsions que les passions aveugles de la multitude ignorante et des aristocraties corrompues par une fausse science se sont entendues pour soulever ; enfin que les péripéties de la mesure du mètre et les aventures des savants qui l'ont exécutée seront un des plus curieux épisodes d'une Révolution commencée au nom de la Philosophie et de l'Humanité, et dont nous sommes à même aujourd'hui de reconnaître tous les fruits, si nous savons profiter des enseignements que la Providence nous a prodigués pendant le siècle agité dont la dernière heure est à la veille de sonner !

TABLE DES MATIÈRES

CHAPITRE VI

CHAPITRE VII

CHAPITRE VIII

CHAPITRE IX

CHAPITRE X

CHAPITRE XI

CHAPITRE XVIII

CHAPITRE XIX

CHAPITRE XX

CHAPITRE XXI

CHAPITRE XXII

CHAPITRE XXIII

CHAPITRE XXIV

CHAPITRE XXV

CHAPITRE XXVI

COULOMMIERS. — Imp. P. BRODARD et GALLOIS.